# 筑·美 04　2019 年　第 1 期　总第 4 期

筑美

吴良镛

主办单位：
教育部高等学校建筑学专业教学指导分委员会建筑美术教学工作委员会
东南大学建筑学院
中国建筑出版传媒有限公司



责任编辑：唐　旭　张　华　李东禧
责任校对：王　烨
设计制作：北京锋尚制版有限公司
出版发行：中国建筑工业出版社
经销单位：各地新华书店、建筑书店
印刷：北京富诚彩色印刷有限公司

开本：880×1230 毫米 1/16　印张：10½　字数：497 千字
2019 年 12 月第一版　2019 年 12 月第一次印刷
定价：98.00 元
ISBN 978-7-112-24428-7
(34886)

邮政编码：100037

图书在版编目（CIP）数据

筑·美04／赵军主编．—北京：中国建筑工业出版社，2019.12
ISBN 978-7-112-24428-7

Ⅰ．①筑…　Ⅱ．①赵…　Ⅲ．①建筑艺术-环境设计-年刊　Ⅳ．①TU-856

中国版本图书馆CIP数据核字（2019）第247016号

# 刊首语

我们正处于社会转型的时代。过去三十年的快速建设虽然还留有不少遗憾，但毕竟奠定了经济基础。企业的产品开始升级换代，城市建设也从对速度和数量的追求转向对品质的追求，人们的生活也开始从工作转向享受，从物质享受转向精神享受。然而社会大多数人对这种转型依然没有准备，因为这个社会还是缺少艺术，没有美。

当功能和美产生矛盾的时候，我们首先放弃的是美。大多数人生活在庸俗的城市环境里习以为常，对美越来越麻木。我对这种现象一直无法解释，直到最近看到微信中关于中央音乐学院的周海宏谈“艺术有啥用”的讲座视频，才茅塞顿开。他说，人的“感性素质”决定了其对美的感受能力。一个人不会享受生活是因为感性素质低；企业的产品遭淘汰是因为感性质量低，因为今天产品质量的提高主要表现为感性品质的提升。城市和建筑设计差，城市文明被破坏，是因为从业人员和城市管理人员感性素质低的结果。而且缺少艺术教育的人对城市环境的破坏力最大，云云。

感性素质的培养只有通过艺术教育才能得以更全面地提高，艺术家要担当起引领价值取向的责任。要提高全民的感性素质，我认为需要做好四个方面的工作：舆论建设、环境建设、团队建设和人才建设。而这正是《筑·美》要做的。

1. 舆论建设：作为媒体，《筑·美》可以发挥更广泛的舆论影响。
2. 环境建设：《筑·美》的作者和读者群中，较多都是直接从事环境美术设计工作。环境的感性品质首先来自于设计。
3. 团队建设：《筑·美》要发挥凝聚力，将优秀的、懂艺术的城市设计师、建筑师、环境艺术设计师团结起来，并不断壮大读者群和作者群。
4. 人才建设：《筑·美》的作者和读者群中，较多都是直接从事教学工作。《筑·美》不但要继续承担交流平台的作用，更要引领新的环境艺术设计教学理念。

然而，艺术教育不同于其他教育，除了在理性的层面上认真组织教案，传授艺术鉴赏和艺术表现技法之外，还有一项很重要的感性训练，一般称之为“熏陶”。人有三重心理世界：意识、潜意识和集体无意识。“意识”是我们直观的、用肉眼或者借助于工具，能看到的世界。通过分析一幅画的构成能够找到美的原理，然后复制在另一幅画中，这是理性的、有意识的教学过程。艺术的力量还在于让人心动。当艺术超越美的表象，才开始进入人的“潜意识”。潜意识来自儿童期的经历，由于外界的压力，在人的成长过程中，这些经历被埋在心底。然而潜意识被刺激时，会冒出来，甚至左右意识活动，让人做出难以理解的事情。刺激的形式是多样的，如包豪斯一年级教师伊藤（Johannes Itten），上课前让学生做韵律操，进入轻松忘我的状态，甚至让学生蒙住眼睛，凭直觉画画，其目的是调动被埋没的儿童期潜意识，或者叫“童心”。然而艺术的最高境界是进入“集体无意识”。一件伟大的作品，无论是画还是建筑，能够跨越时代和文化的隔阂来打动人，是因为人作为群体，在潜意识里面还有一个共享层面。这个层面埋藏的不是个人儿童时期的经历，而是人类儿童时期的集体经历，是人类初期面对自然所有的恐惧和遭受的所有苦难，埋藏在每个人的心底。不同时期的伟大艺术家，只是用不同时期的人能够理解的形式语言，来揭开埋在人类心底最深层的秘密。

以上是瑞士心理学家荣格（Carl Gustav Jung）对艺术活动的解释。荣格既是精神病专业的医生，也是苏黎世大学和苏黎世联邦工业大学的教授。他经常将精神病人分成不同的组，做不同的“实验”，然后写进他的论文。他的实践不是重复性的劳作，而是带有实验的成分。本期大多数作者都和荣格一样，活跃在实践、教学和科研多个层面。他们将是让《筑·美》能够越办越好的真正动力。

贾倍思　香港大学教授

# 目录

## 大师平台
Masters

## 教育论坛
Education Forum

## 匠心谈艺
On Art

## 艺术视角
Art-Reading

## 作品欣赏
Art Appreciation

## 艺术交流
Art Communication

## 筑美资讯
Information

Masters

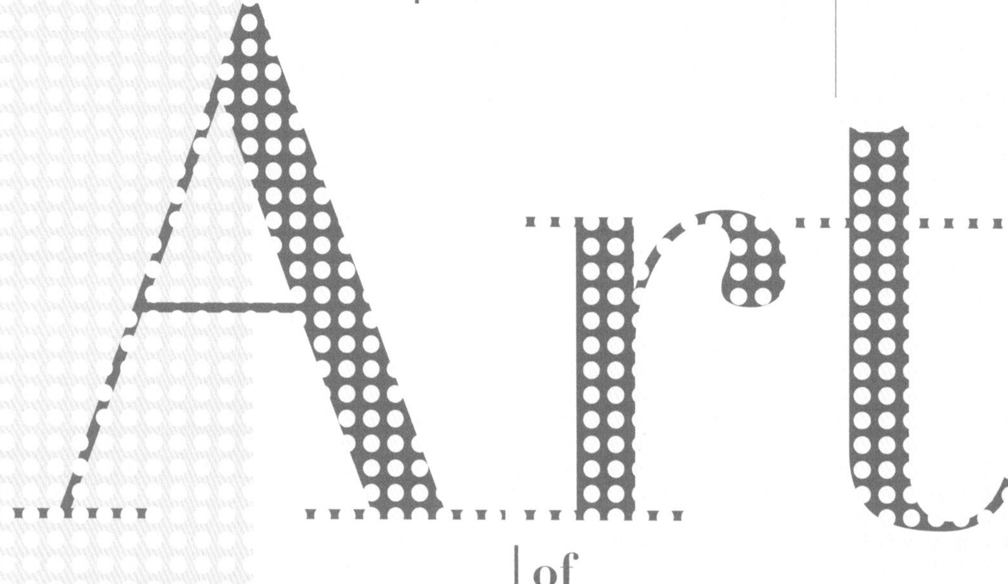


of
Architecture

# 程泰宁先生的筑情画意

文 / 苏夏

程泰宁先生是中国当代建筑界最具影响力的建筑大师之一。作为中国第三代建筑师[①]的代表人物，程先生的建筑作品及其对建筑设计的思考深受业界和社会的广泛关注，然而程先生设计创作过程中的另一个重要方面——绘画，则鲜为人知。绘画以线条、色彩、块面等艺术语言，通过构图，造型等艺术手段，在二维平面里塑造视觉形象，反映现实生活，表达人的主观情感。古人云："宣物莫大十言，存形莫善十画"，"画者画也。度物象而取其真"。如果定义建筑是在三维空间甚至四维时空的层面上承载生活的容器，那么绘画则可以说是在二维平面上对生活时空状态的记录和体现。

绘画与建筑在本质上有着同一性的关系，现代建筑大师勒·柯布西耶曾这样表达绘画之于建筑的重要作用——"我的建筑是通过绘画的运河达到的"。古人云"心摹手追"，心里所想，以绘表达。程泰宁先生认为，绘画之于建筑设计，并不是一个简单的建筑表现的范畴。绘画是一种培养空间形式感知能力的训练，是一种激发意象生成的有效途径。本文对程先生的建筑成就和专业造诣等将不再多言，而是将视线直接聚焦于先生多年设计生涯中创作的绘画作品以及他对绘画和建筑设计关系的思考，在其绘画中体味先生的筑情画意。

观程先生的绘画创作，根据其创作过程中所体现的不同思维侧重，及其同建筑设计之间的关系，大致可分为两个方面：

其一，是建筑画。这类画作在程先生的绘画作品中有着独特魅力，因为这类画作多和先生的生活体验、情感抒发有着直接关系，同时又是先生审美意象的直接表达。这类绘画是一种偏重美学意境表现的绘画创作。画作《北京阜成门》、《静静的西江》、《野渡》、《西风残照》、《庭院深深》正是这类作品的代表。

北京阜成门瓮城曾经是无轨电车停车场。有一次，先生在外等车时，看到几辆蓝色和红色的无轨电车从斑驳的城墙里开出来，很有画面感。之后，先生靠记忆画下了《北京阜成门》（图1），将这段空间与色彩的体验记忆封存在了画面中。

图1 北京阜成门（水彩画，1963年）

2

《静静的西江》（图2）和《野渡》（图3）两幅画是先生离开广东江门四、五年后，仅凭印象绘制的。

此外，程先生还常靠想象和冥想绘画。在半设计、半空想的状态下，看似真实的画中场景，其实只是存于脑海中的意象片段。《西风残照》（图4）这幅铅笔淡彩画便是这样的创作。画面中的凯旋门，在黄昏夕阳残照下色调灰暗。凯旋门的残垣断壁，给人以苍凉破败的历史沧桑感。这是先生在当时时代背景的气氛下，为表达思绪而空想出来的画作。而另一幅冥想的绘画《庭院深深》（图5），则是为了营造一种建筑意境。然而这种冥想式的绘画，已然通向了创作。

建筑画，重在表达意境和空间氛围，强调的是一种画面感的存在（图6、图7）。从某种意义上讲，这类绘画也是画者艺术素养的体现。对于建筑师画者来说，建筑意境画虽不是直接去表达某种设计创作的建筑空间，或直接进行设计构思，但这类绘画创作对人的空间感、形式感、色彩感、构图能力是一种全面的培养，对于提高人的艺术素养有很重要的作用。谈到建筑意境画，程先生曾这样说："画建筑画是一种提高评判艺术品位能力的重要途径。"

其二，是建筑设计草图。这类画作产生于程先生的建筑创作过程中，是先生画作中数量最多的一类，也是最能反映先生设计思考过程的一类画作。根据其与建筑创作不同阶段的对应关系，程先生建筑设计草图可大致分为三种：意向草图、方案草图，以及建筑表现图。

意向草图（图8）偏重体现对创作的思索和对建筑形象、空间的想象过程。意向草图在创作过程前期，能够对设计灵感进行即时性捕捉和模糊性表达（图9、图10）。先生曾用老子言"恍兮惚兮"[2]来形容其设计草图的构思和绘制过程。意向草图所表达的意象是一种意识流的、朦胧的不确定形象，但设计创作的本真往往就是在这一系列"恍兮惚兮"的草图中逐渐成形和明晰。

图2 静静的西江（水彩画，1962年）
图3 野渡（水彩画，1962年）

3

4

5

6

7

8

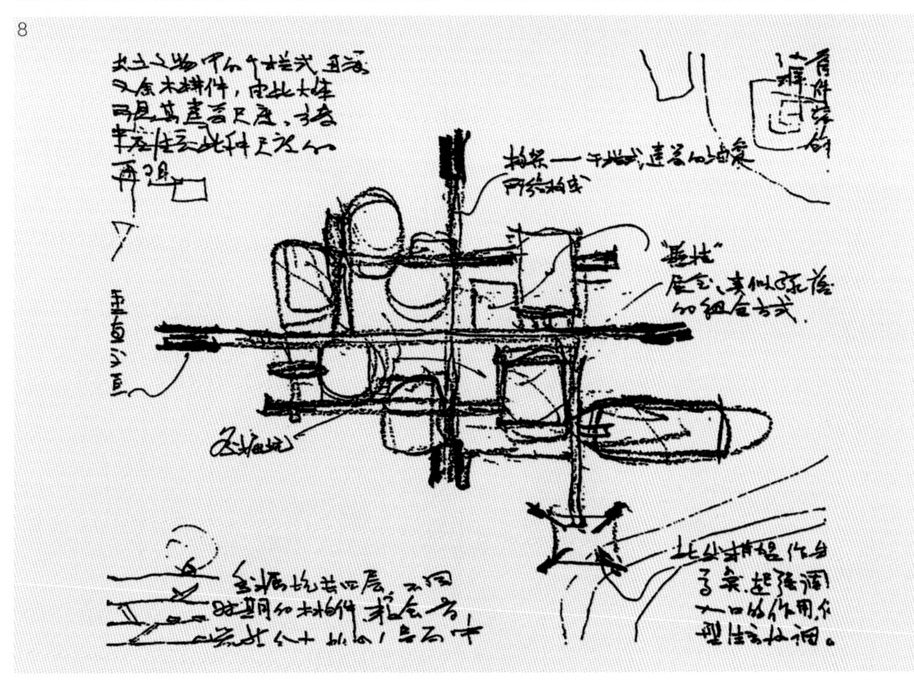

图4 西风残照（铅笔淡彩，1964年）
图5 庭院深深（铅笔淡彩，1964年）
图6 长城（铅笔画，1964年）
图7 白塔（铅笔画，1964年）
图8 意向草图——河姆渡遗址博物馆

9

10

图9 意向草图——建川战俘博物馆
图10 意向草图——厦门悦海湾酒店
图11 设计方案草图——苏步青纪念馆
图12 方案草图——南京博物院

而方案草图则是在意向草图基础上的一种创作发展和具体化过程。方案草图可以是平面（图11）、或是轴测、抑或是透视（图12）。方案草图的创作思考，是对空间、功能，甚至是方案经济、施工可行性的思考。这个阶段的草图，线条相对肯定、明确，图画内容反映了清晰的空间形式。意向草图是对设计灵感的快速捕捉，而方案草图则是对影响建筑设计各个方面因素把控过程的综合推敲和表达。

程先生建筑设计草图的第三种类型，即建筑表现图（图13）。虽同样产生于创作过程，却与前两种设计草图的飘逸不同。先生的建筑表现图是对其所创作的建筑空间美进行的一种精挑细选、有所侧重的表现，是具有明确空间逻辑性的现实效果的艺术再现。选择怎样的空间角度，运用何种笔触和色彩去呈现，无不体现出先生对建筑的理解、对空间的把握，以及对设计哲学的感悟（图14~图16）。这类草图是对建筑空间、结构、材料、细节的深入创作思考（图17），是对未来建成效果的思维模拟和复核（图18），同时也是对空间意境和环境境界的着重表达（图19、图20）。最终的设计方案，往往就是根据这个阶段的草图深化呈现的。如果说建筑是凝固的音乐，那么建筑设计草图也许就是建筑师对这首乐曲最初旋律的一种浅吟低唱。而这种与设计灵感相通的浅吟低唱，同样也是一种艺术的创作和美的表达。

11

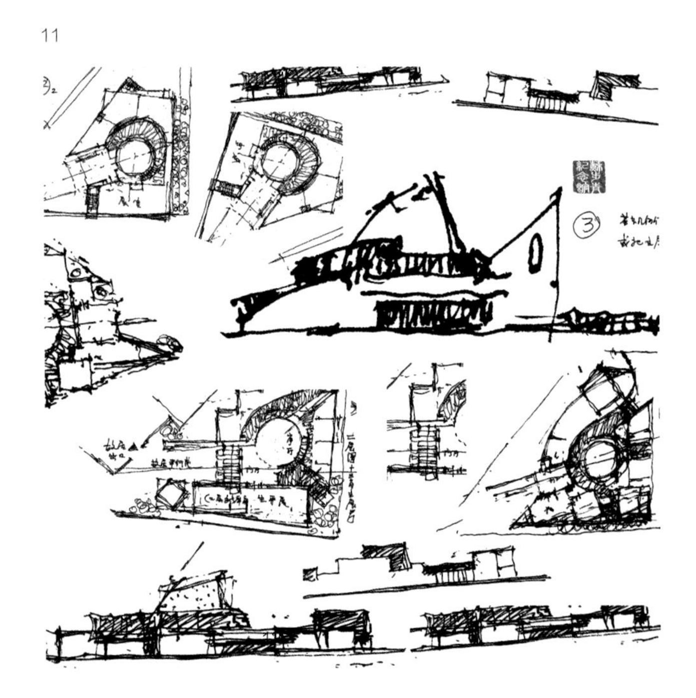

12

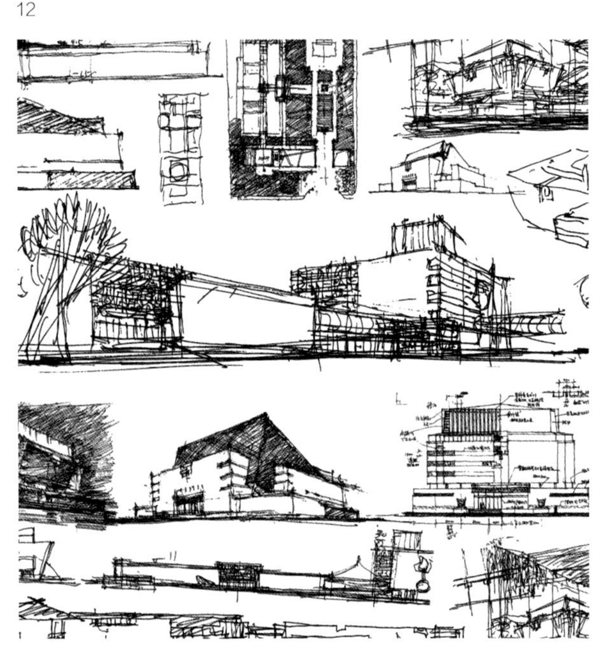

图13 建筑表现图——青岛红岛铁路客站
图14 建筑表现图——通州北京城市副中心大剧院
图15 建筑表现图——通州北京城市副中心大剧院
图16 建筑表现图——通州北京城市副中心大剧院
图17 建筑表现图——萧山国际机场新建航站楼

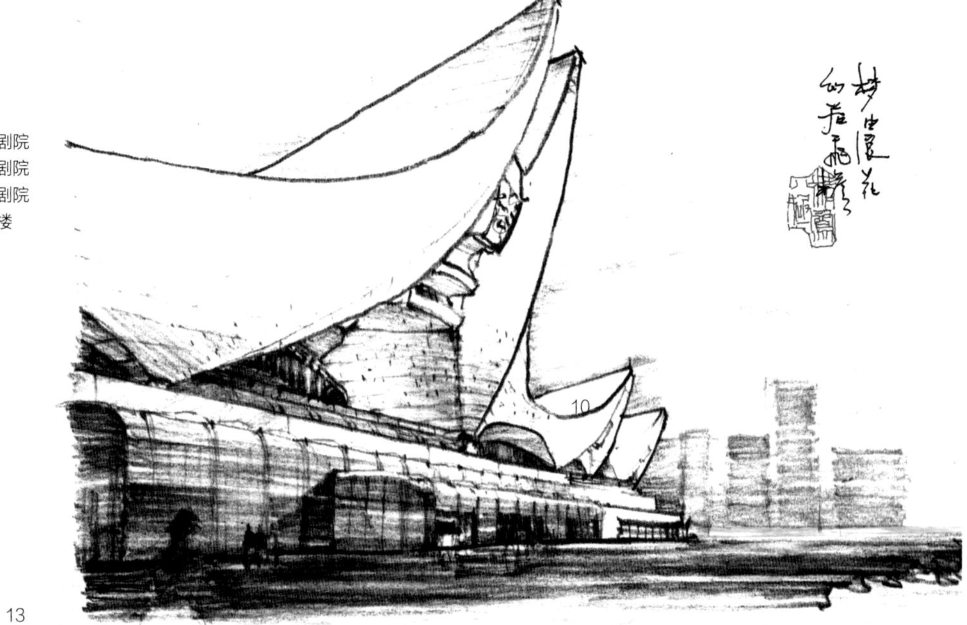

13

14

15

16

17

图18 建筑表现图——南京市美术馆室内空间
图19 建筑表现图——浙江美术馆
图20 建筑表现图——南京市美术馆室内空间

程先生曾这样评说绘画表现于建筑师的重要作用："进行建筑的手绘表现，可以培养人的空间概念、色彩概念、尺度概念和造型能力。"绘画是建筑师对创作灵感的外化呈现，更是一种对建筑的歌咏艺术。

每每和程先生谈到绘画，除了能够感受到先生经久不衰的创作热情和他对晚辈建筑师们的殷切期望，还能体会到先生对当前业内存在的"手绘能力培养对于建筑学教育非必要"论调的一种隐忧。在电脑制图表现技术发达的今天，手绘能力的培养和手绘创作的表达是否还有必要？程先生的回答是肯定的。手绘，首先是对审美和艺术素养的培养，是提高建筑师设计素质的重要手段。手绘训练，本质是对设计构思的一种思维训练。其次，手绘是意象由心到手的直观转化过程，是快速将建筑师的设计构思与图形、色彩结合之后的产物。此外，手绘表达可以是简洁的，有所取舍的。建筑师可以通过手绘利用简洁的线条、色彩、块面，将复杂的设计逻辑及时表达出来，而电脑表现和电脑草图则不及手绘方便、快捷。程先生曾经提到，现在有人讲"国外美术学院都不教美术了，建筑学院倒要教美术"？这种疑问只是一时的误区。近两年来，美术教学正在逐渐恢复，这是可喜的。先生认为："（不主张进行手绘能力培养）是一时的，我们不能只看一时的事，怎么办，总要有自己的看法，建筑手绘能力的培养对建筑教学不仅有益，而且必要。"

程先生绘画的美与其建筑的美是相通的，其绘画体现的是一种对创作语言的凝练、对设计意境的表达，以及对建筑境界的探索。先生的绘画，将一种体现丰沛灵感的生命力注入静态的艺术对象。先生的筑情画意，也正是在先生的绘画过程中得到了升华和体现。筑·美

苏夏 东南大学建筑设计与理论研究中心

参考文献

曾坚. 对中国建筑师分代问题及其他. 建筑师，1995（12）.

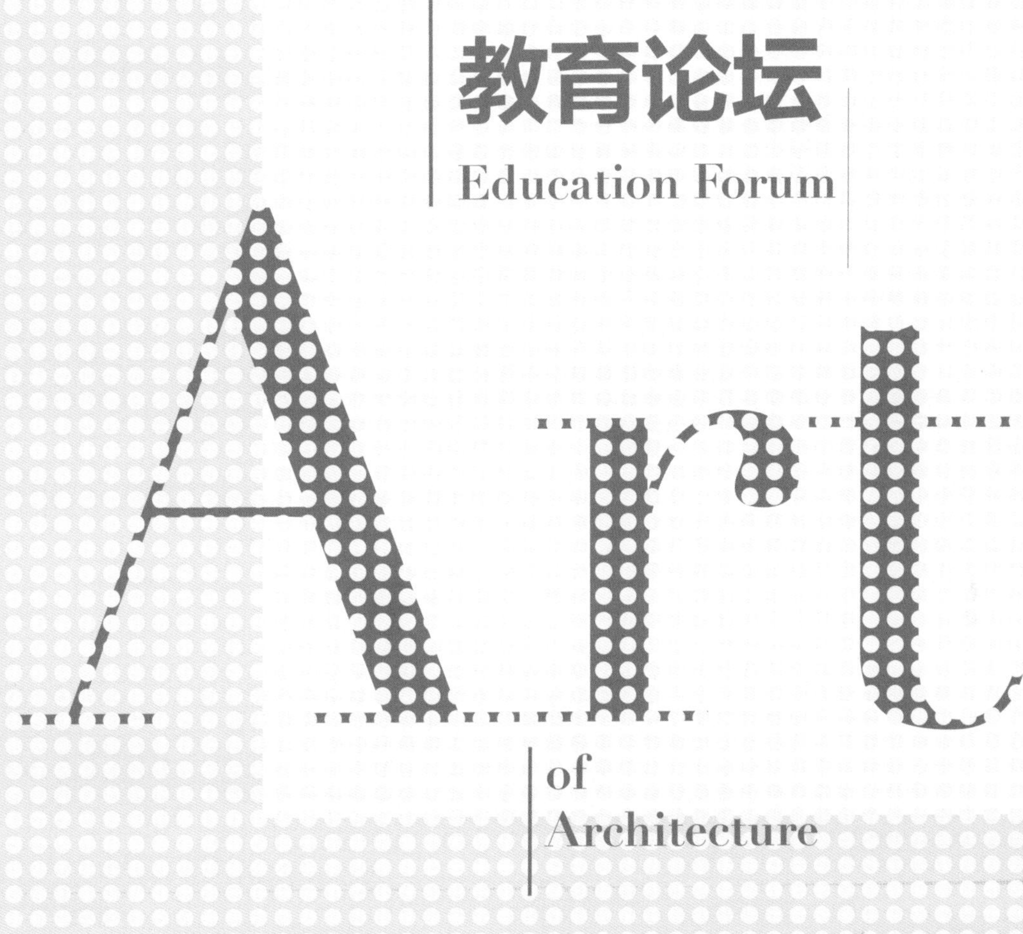
教育论坛
Education Forum
Art
of
Architecture

# 美术课教什么？

文 / 张彤

最近参加的两次活动让我对美术有了一些新的感悟。

九月底去金陵美术馆参加崔豫章老师画展的开幕式，老先生96岁高龄，是我们学院最年长的先生。画展上精神矍铄，上台站立致辞。回想起两年前的春节，去他家探望，家中画室台面上铺着正在创作的大幅画作，桌台边并没有座椅。

上周进班级参加本科生班会，有同学问我建筑师需要具备哪些能力？我回答她，第一，判断复杂问题、综合协调各种矛盾的统筹能力；第二，与项目各方沟通的表达能力；第三，也是最重要的，有能力去感知和享受创作带来的幸福感。

1

2

图1 冰岛地貌，2016年
图2 圣路易斯湖，2018年

即便在科技如此发达的今天，建筑体现出从未有过的复杂工程特性，我们仍不愿忘记建筑是一种造型艺术，而且是所有造型艺术中最为宏丽和综合的一类。产生艺术的过程被称为创作，这是人类最高级、最具精神性的行为，在这个过程中体验的愉悦和幸福可以抵消所有的苦痛，可以滋养生命和精神，可以使人自身变得健康、完善和高尚。

创作者与自己作品的交流有多种方式，音乐家通过演奏，画家通过长久地凝视，而建筑师无疑是徜徉于自己营造的空间之中。这种交流是沉浸式的享受，是高尚的精神愉悦，很少有其他职业会有这样的馈赠。

在所有被建筑综合起来的专业中，是艺术和她所带来的创作行为给予建筑师以激情，平衡各种社会、经济和工程技术带来的矛盾和困难。奥斯卡·尼迈耶、贝聿铭、巴克里希纳·多西、矶崎新……这些长寿的建筑师，正是有了艺术创作的滋养，才能洋溢出如此旺健的生命力。

建筑学院中的美术课教什么？如果把美术只看作工具和技法的训练，那就太可惜了。美术课要培养的是这种能力，沉浸于自己的作品和创作过程，感知和享受创作的幸福。只有具备这种能力，才能激发出热情，平衡这个职业中的辛劳和苦痛，才能提升自我的精神，达到自在和充盈的境界。筑·美

张彤　东南大学建筑学院院长、教授

图3 威尼斯海岸边的自由战士像，2010年
图4 安达卢西亚科尔多巴，1998年
图5 卢浮宫，2000年

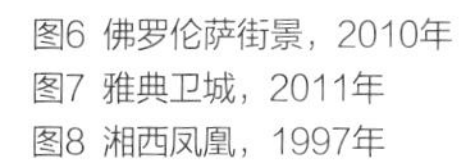

图6 佛罗伦萨街景，2010年
图7 雅典卫城，2011年
图8 湘西凤凰，1997年

6

7

8

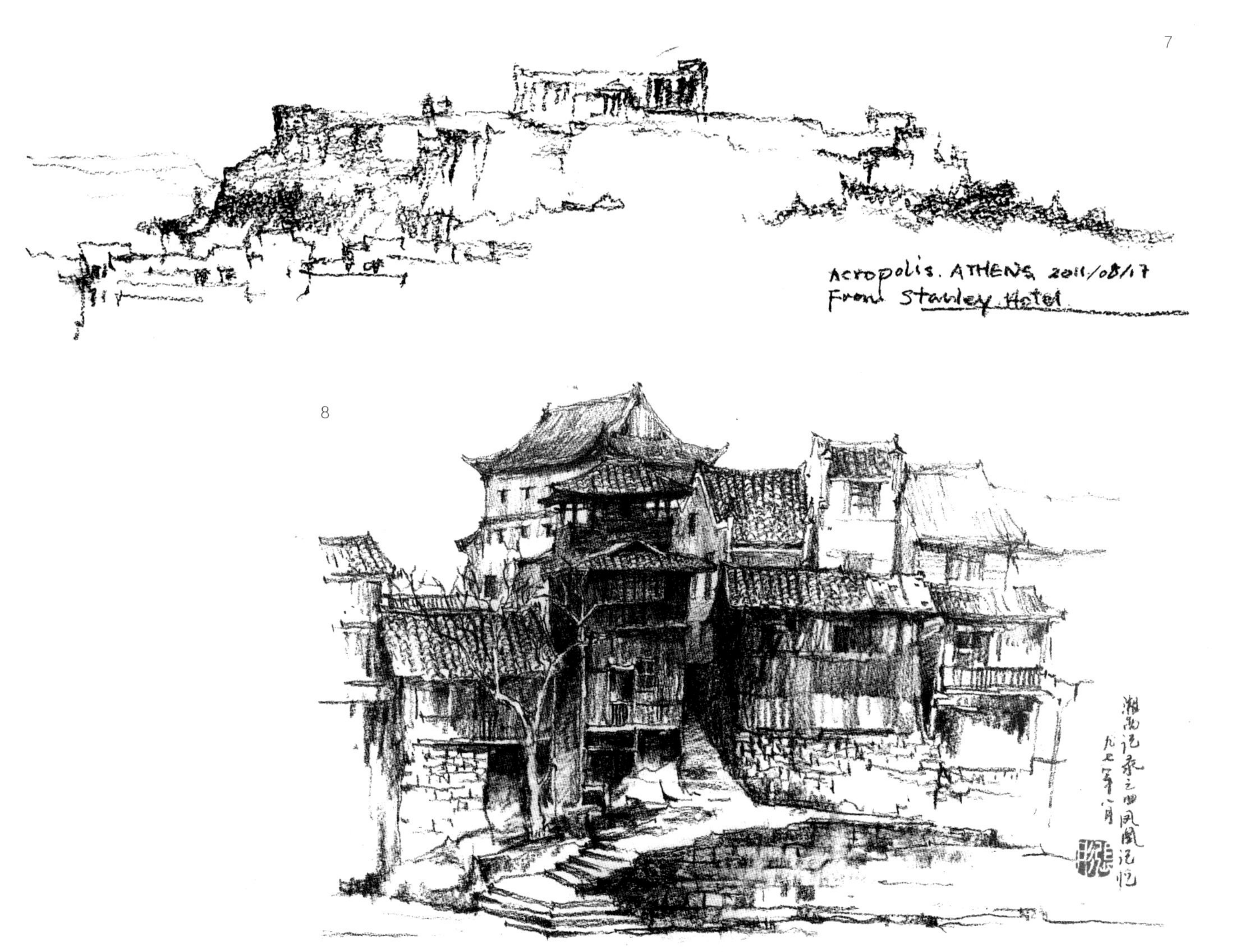

# 建筑学科美术教学改革的跨学科方法研究

文 / 冷先平

**摘　要：** 知识传播扩散是建筑美术教学改革的重要内容，本文在创新扩散理论基础上，对建筑美术教学改革中知识传播扩散的创新属性和诸如学生、教师等核心要素进行了学理分析，构建了建筑美术教学改革中知识传播扩散过程的五个阶段模型，并提出建筑学科美术教学改革知识创新扩散的路径思考。

**关键词：** 建筑美术　知识传播　创新扩散　教学改革

建筑美术是建筑学学科体系中的一门专业基础课程，其目的在于通过美术教学训练，培养学生建筑设计的造型能力、创意能力和设计表达能力，并促进学生在建筑设计过程中审美水平的提高。目前，中国高等建筑教育相关的院校以1927年中央大学建筑科的成立为伊始到20世纪50年代的老八校，发展至今已达420多所。其中，列为一批招生的高校有100余所，特别是近十年通过建筑学专业教育评估的院系由2005年的28个发展到现在的62个。①由此可见，建筑学科发展的速度之快、规模之大。伴随着建筑学科的快速发展，对教学体系中作为专业基础课程的建筑美术提出了新的要求，以适应现代建筑学科发展的需要。以下就当前建筑美术教学改革中一个亟待解决的理论问题——知识传播扩散的教学方法展开讨论。

## 一、引言

建筑学学科的现代发展推动了建筑美术教学内容体系的深刻变革，同时也推动着知识传播过程中教育新技术、新方法的形成和创新扩散模式的嬗变。知识传播的高效与共享是为建筑美术教学改革的根本要求，传统教与学的活动边界，随着以学生为中心、以人为本、面向知识传播创新扩散的现代教育理念的介入正在融化，这种改变不仅使以教师为主体、学校、课堂等为载体的传统教学活动面临挑战，而且将成为建筑美术教学改革的重要方向。

从学理上看，创新扩散理论是由美国学者埃弗雷特・罗杰斯于20世纪60年代提出的一个关于通过劝服人们接受新观念、新事物、新产品的理论。它的理论指导思想是在创新面前，一部分人会比另一部分人思想更开放，更愿意采纳创新[1]。具体来说，它探讨的是创新事物通过特定的渠道，在一定的社会系统中随着时间的推移而传播扩散开来的过程。如果说传播是一个过程，那么“扩散是特殊类型的传播，所含信息与新概念有关。扩散的实质是个人通过信息交换将一个新方法传播给一个或多个他人。”也可以说，“扩散是创新通过特定的渠道，在某一社会团体成员中传播的过程[2]”。创新则被罗杰斯认为：“是被采用的个人或团体视为全新的一个方法，或者一次实践，或者一个物体”，并进一步指出：“对于个体来说，一个方法客观上是否真的是新的并不重要，重要的是个体是否认为这个方法新颖，这决定了他或她对一项创新的反应，如果一个方法对个体来说看起来是新的，那么，它就是一个创新。”[3]

罗杰斯作为创新扩散理论的集大成者，对3000多个有关创新扩散的案例有过具体的研究。在这些研究中，他考察了创新扩散的进程以及各种影响因素，发现了创新事物在一个社会系统中扩散的基本规律，并提出创新扩散“S”曲线理论。“S”曲线（图1）[4]表明，创新的扩散在开始时采纳创新者的数量总是比较少，进展速度也比较慢。然后，当采用者达到一个“临界数量”后，扩散过程会突然加快，并一直延续到系统中，可能采纳创新的人大部分都已采纳创新，到达饱和点，扩散速度才又逐渐减缓，整个过程显示出S形的变化轨迹。具体来说，在一个社会系统中创新事物要能继续扩散下去，首先必须有一定数量的人采纳这种创新事物，这个数量通常是人口的10%~20%，即“临界数量”。当创新扩散比例一旦达到临界数量，扩散过程就起飞，进入快速扩散阶段。饱和点的概念说明，创新在社会系统中只能扩散到某个百分比，达不到100%地扩散。

① 中华人民共和国住房与城乡建设部．建筑学专业评估通过学校和有效期情况统计表（截至2017年5月）．

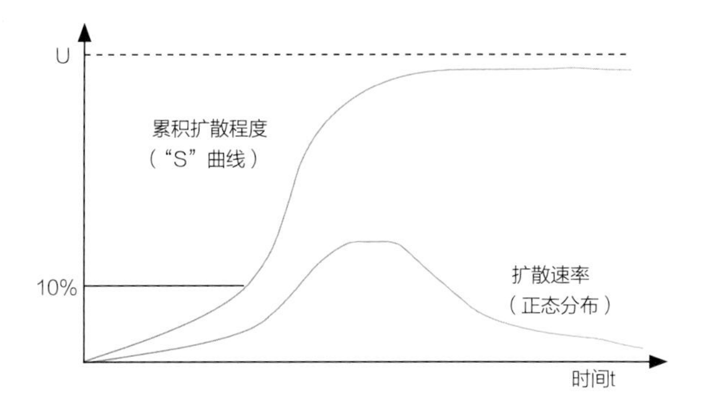


图1 创新扩散的"S"曲线

创新扩散理论的重要贡献在于它注意到呈"S"曲线扩散的创新事物，在扩散过程中会受到该事物的创新特征、采纳者个人特征、传播渠道和社会制度等因素的显著影响。并且，这一理论经世界各地的实证研究反复证明了它的普遍实用性。因此，该理论范式的工具性功能，为探讨建筑美术教学过程中知识传播的创新扩散提供了理论基础。

## 二、建筑学科美术教学改革的发展脉络

国外建筑美术体系的形成，教学方式、教学内容在历史上有过多次变革。早在古罗马时代，维特鲁威就认为："建筑师要具备多学科的知识和种种技艺"、"建筑师应当擅长文笔，熟悉制图，精通几何学……"[5]只有这样，建筑师所设计的作品才能达到"坚固、适用、美观"的三个标准。因而，这一时期的许多建筑学校里都设置了绘画课程，来培养建筑设计师的形象思维能力、空间创造能力和审美素养。这种在教学上主张技术与艺术并重的方法成为意大利建筑教育的传统。沿袭这样的传统，1819年，法国在J.B.龙德莱创办的公共工程学院基础上组建了巴黎美术学院，至1968年随后的百余年时间里，将美术学院造型训练的方法运用到建筑学的基础教育中，并形成完善的建筑美术教学体系，即"鲍扎"体系，这种体系对我国近现代建筑美术的形成和发展产生了深刻的影响。1919年，伴随着德国建筑教育的革命，在以W.格罗皮乌斯创立的包豪斯建筑学校里，建筑美术的教学内容、方法等迥异于学院式美术教育的"鲍扎"体系，主张建筑、绘画、雕塑等艺术素养的培育与科学技术知识传授相融合的教育理念。通过谋求各种造型艺术间交流的造型基础课程体系，实现学生视觉敏感性向现代设计理性的转变。这种转变不仅开创了现代建筑美术教学的先河，而且奠定了现代设计教育发展的基础。

我国近现代建筑美术教学体系受西学东渐之风的影响，从1927年起，在秉承巴黎美术学院"鲍扎"体系的基础上，融合了20世纪50年代苏联契斯恰柯夫造型体系的内容与方法，形成了中华人民共和国成立初期至1978年改革开放前后很长一段时间内我国建筑美术教学偏重传统绘画造型能力培养的教学模式。其间这种模式虽然有所变化，但这种变化与建筑学本体学科的快速发展相比显得非常缓慢，这一点可以从"2004~2005年部分建筑院校美术基础课程教学状况"调查一见端倪。从表1可以看出，只有东南大学建筑学院等少数院校进行了建筑美术教学改革的探索实践。

**2004－2005年部分建筑院校美术基础课程教学状况②** **表1**

| 学校名称 | 美术基础课时 | | | 选修课程 |
|---|---|---|---|---|
| | 素描 | 色彩 | 实习 | |
| 清华大学建筑学院 | 128课时 | 128课时 | 3周 | 20世纪西方美术 |
| 东南大学建筑学院 | 视觉设计基础<br>144课时 | 视觉设计基础<br>144课时 | 3周 | 现代绘画、陶艺、摄影、<br>建筑画技法、艺术概论 |
| 天津大学建筑学院 | 128课时 | 128课时 | 2周 | 中外美术史、三大构成、<br>中外建筑史、建筑技术 |
| 同济大学建筑与城市规划学院 | 128课时 | 128课时 | 3周 | 陶艺、版画、手工制作 |
| 广州华南理工大学建筑学院 | 96课时 | 96课时 | 2周 | 色彩美学、环境艺术 |
| 哈尔滨工业大学建筑学院 | 造型艺术基础<br>128课时 | 造型艺术基础<br>248课时 | 4周 | 中外美术史、装饰雕塑、装饰壁画、陶艺 |
| 西安建筑科技大学 | 120课时<br>环艺<br>160课时 | 120课时<br>环艺<br>160课时 | 3周 | 中国美术史、摄影 |
| 重庆大学建筑学院 | 136课时 | 136课时 | 1.5周 | 陶艺、中外艺术鉴赏、<br>建筑快速表现 |
| 华中科技大学<br>建筑与城市规划学院 | 设计素描<br>112课时 | 设计色彩<br>112课时 | 2周 | 中外美术史、建筑表现技法、<br>钢笔画、雕塑、手工制作 |

② 华中科技大学省级教改项目课题组."建筑学科美术基础课程教学改革研究与实践"成果总结报告，2008.

我国建筑美术教学改革是以2005年联合国教科文组织和国际建筑师协会颁布的《建筑教育宪章》为契机。其时，中国建筑院校为了尽快与欧洲大学体制接轨，在借鉴西方成熟教学体制的前提下进行了建筑学科教学体制的改革探索。同年，为配合建筑学学制的改革，在“第八届全国高等学校建筑学科美术教学研讨会”上，建筑美术专业委员会与会专家根据各自院校建筑学学制改革的实际，对建筑学科美术基础教学改革进行了思考，大多数专家认为国内沿袭多年“鲍扎”体系的建筑美术教学已然不能适应新时期中国建筑教育教学学制改革的要求。而国外诸如斯坦福大学、伯克利大学以及神户大学等建筑学专业的美术课均突破了陈旧的学院式美术教育框架，转而推行“包豪斯”现代设计教育观念，形成各具特色的适用现代建筑学学科要求的艺术教育模式。这些模式可为我国建筑学科美术教学改革提供借鉴和参考。

伴随着这样的契机，全国各建筑院校所进行的建筑美术教学改革是在建筑学科四位一体，即，“建筑学—规划学—景观学—建筑技术”知识结构体系的基础上，将美术与设计及相关人文学科交叉融合，因地制宜而又共性突出，经过近十余年的努力形成了目前我国建筑美术多元化发展的课程内容体系，丰富了中国现代建筑教育的内涵。对此，2017年“第十四届全国高等学校建筑与环境设计专业美术教学研讨会暨专业指导委员会年会”对上述十年建筑美术教学改革的重要成果进行了梳理，并将工作的重点转向教学方法与实践的探索。提出了关于“艺术教育表现与表达的教学探索性”源本效应的思考、“多层次的建筑与环境设计专业教学的针对性统筹与激发”创新性的关联效应探索等具体要求。因此，建筑美术教学改革中知识传播扩散的理论探索具有十分重要的意义。

## 三、建筑学科美术教学改革中知识创新传播扩散的理论分析

### 1. 建筑美术教学改革中知识传播扩散的创新属性

建筑美术知识传播是基于教学过程中面向课堂内部学生群体的知识综合。作为该课程教育的核心，课程教学内容本质上是为知识传播扩散的系统组织，涵盖教育的理念、内容体系、教育技术、教学模式以及教学管理方式等，具有创新属性。

罗杰斯认为，创新包括相对优势、相容性、复杂程度、可实验性、可观察性五种属性。他强调：“感知对于创新的判断很重要。影响创新采纳率的是接受者感受到的创新属性，而不是专家或者创新代理人加以归类的创新属性。”马克塞和沃尔登采用罗杰斯对创新属性分类方法，对政策创新扩散的实证研究表明：政策的相对优势、复杂性与相容性都会影响到政策采纳的可能性。而且，政策创新属性塑造了空间采纳模式、学习机制与政策创新扩散相关的程度。[6]因此，在五种创新属性中，“相对优势、相容性、可观察性和可试用性与创新采纳速度成正比，复杂性与创新采纳速度成反比”完全吻合。[7]对此，我国学者吴建南等人的研究也证实了这一点，对于一项创新，那些“概念较为简单、操作较为简便、短期效果较为明显、采纳成本较为低廉、受益群体广泛、社会阻力较少的政策创新更加容易扩散”。[8]

就建筑美术而言，由其知识传播扩散创新属性所决定的基础性、实用性、审美性和创新性等特性可以从下几个方面来理解：

建筑美术作为建筑学科重要的专业基础课程，它几乎覆盖了建筑学科所有的专业，这种覆盖构成了基础课程所独有的相对优势，即有着广泛接受教育的学生群体，由这些群体所构成的课堂奠定了知识传播采纳的物理空间，有利于塑造出高效的以课堂为中心的空间采纳模式。

实用性则要求教学过程中知识传播必须与建筑学科相关专业密切地联系，针对诸如建筑学、规划学、景观学以及环境艺术设计等不同的专业方向，在课程内容和手段上建立不同的要求。也就是说，通过知识传播的课堂教学，增强与提高学生的专业设计意识和专业造型能力，由此决定了建筑美术教学中知识传播的开放性和兼容性，并促进科学、有效的学习机制形成。

审美性则是通过建筑美术知识传播扩散，影响学生在进行专业设计过程中对于审美的感受力，丰富审美经验，提高学生的审美素养和创造力，促进知识传播扩散的深度和广度。

建筑美术教学改革中知识传播扩散的创新属性表明，在建筑美术教学改革的发展、完善的过程中，只有深入了解知识传播扩散的因果机制，厘清知识传播扩散的原动力及其创新设计思维培养的本质特性，才能更好地完善建筑美术教学中知识传播扩散的科学方法，扬弃建筑美术教学过程中存在的不足。

### 2. 建筑美术教学改革中知识传播扩散的影响要素

依据创新扩散理论可知，建筑美术教学改革中创新的知识是通过特定的课堂，在一定的学生群体中随着课程的推进而传播扩散开来的过程。在这个过程中，教师组织知识传播方法创新特性、学生个人的特征、教学环境以及相关制度等因素具有显著的影响。

（1）知识传播扩散创新代理人——教师

创新代理人，罗杰斯是这样界定的：“创新代理人是指那些按照创新机构的意愿，去影响客户创新决策的个体。创新代理人的任务通常是保证某个新的观念被接受，但是他（她）也可能试图延缓某个观念的扩散甚至阻止人们去采纳某些创新，因为有些观念或创新会带来负面效应。”[9] 根据这个界定，在

建筑美术的教学体系中，学校管理者、教师、教辅人员无疑都是创新代理人，其中，教师充当着主要的角色。

教师是建筑美术课堂组织知识与传授知识的传播者，其组织知识传播的能力是知识传播创新扩散的关键。一方面，它需要了解所传授知识的属性和对建筑学科相关专业的影响状况，具有必要的与建筑美术相关的知识深度和宽度。也就是说教师不仅仅只是课堂的主导者，而且还应该是知识应用的践行者，即设计师或者美术家。另一方面，作为知识传播扩散的关键驱动器，教师还应该注意区分知识的相似性与相异性，以帮助学生通过对过往知识的重新塑造，促进学生对新知识的了解、吸收。因为，新知识是建立在先前知识基础之上的，本质上具有建筑学学科的专业特殊性，这种特殊性决定了建筑美术知识结构的层次变化，不同专业领域需要相应的建筑美术知识层次是不一样的。例如，建筑学倾向建筑美术对学生空间塑造与构想能力的培养，景观学则要求对景象形象的把握和空间环境审美意象的营造。如果忽略了这一点，教师组织知识的传播就会影响到学生对建筑美术知识的接受，尤其是在新时代建筑学跨学科领域知识传播创新扩散的先进程度。因此，教师作为建筑美术教学中组织知识传播的创新者，他们担当了将知识向学生传授、传播扩散的重任，也就是说，背、教、改、导的每一个环节都离不开教师的参与。毫无疑问，教师的责任最为重大。

（2）知识传播扩散创新的采纳者——学生

所谓采纳者指的是在创新扩散中对于创新事物的接纳采用者。本文指代为建筑美术教学改革中接受知识传播的学生。

在罗杰斯看来，采纳者的分类应该将创新者包含在内，依据创新扩散的“S”曲线的正态分布进行划分。具体划分为：具有冒险精神的创新者、受人尊敬的早期采纳者、深思熟虑的早期大多数人群、持怀疑态度的后期大多数人群以及墨守成规的落后者五类。[10]同时，他还量化了整个传播过程中五个部分的比例，他认为创新者一般占据2.5%，早期采用者为13.5%，早期采用人群为34%，后期采用人群也为34%，滞后者为16%。在学生群体中，创新的接受和采纳并非是均衡的，华中科技大学建筑与城市规划学院建筑美术主要课程成绩百分比抽检比对表表明：以班级为单位的学生群体接受、采纳新知识、新技能的划分同创新扩散的“S”曲线划分的比例相吻合（表2）。

学生作为行为的主体，是以班级为单位的知识传播扩散网络中最活跃的因素。就个体而言，每一个学生通过学习能够改变其知识基础，提升其创造知识的能力。但个体的差异是存在的，在建筑美术教学中，那些拥有相同知识基础的同学，会因个体的差异，例如，有的学生喜欢用形象思维来进行直观地表达，有的则习惯于抽象地思考，不同的思维方式会影响到其对知识的关联能力。正是因为这种关联能力的差异，影响到班级内部各类掌握知识人数的比例状况，同时，也增加了不同学生组织知识进行关联的多样性。这无疑有利于知识的创新扩散。另一方面，由于班级内部每个学生掌握知识的程度不同，所形成的知识势差必然会导致知识的流动。也就是说，那些采纳新知识、新技能较快的学生在自身因知识的流动而不断丰富其知识存量的同

**华中科技大学建筑与城市规划学院建筑美术主要课程成绩百分比抽检比对表** **表2**

| 百分比人数 / 班级 | 设计素描（上） | | | | | 设计素描（下） | | | | |
|---|---|---|---|---|---|---|---|---|---|---|
| | 90-100 | 80-89 | 70-79 | 60-69 | 59-0 | 90-100 | 80-89 | 70-79 | 60-69 | 59-0 |
| 2015级建筑学 | 6 | 42 | 19 | 4 | 3 | 10 | 34 | 20 | 6 | 5 |
| 2015级城乡规划 | 9 | 26 | 21 | 4 | 5 | 11 | 19 | 17 | 4 | 5 |
| 2015级风景园林 | 3 | 13 | 14 | 1 | 0 | 2 | 10 | 6 | 1 | 2 |
| 2015级环境设计 | 10 | 63 | 11 | 2 | 0 | 10 | 54 | 22 | 2 | 2 |

| 百分比人数 / 班级 | 设计色彩（上） | | | | | 设计色彩（下） | | | | |
|---|---|---|---|---|---|---|---|---|---|---|
| | 90-100 | 80-89 | 70-79 | 60-69 | 59-0 | 90-100 | 80-89 | 70-79 | 60-69 | 59-0 |
| 2015级建筑学 | 10 | 47 | 19 | 3 | 6 | 9 | 38 | 18 | 10 | 7 |
| 2015级城乡规划 | 7 | 20 | 17 | 6 | 2 | 7 | 19 | 20 | 5 | 2 |
| 2015级风景园林 | 4 | 8 | 5 | 1 | 2 | 4 | 8 | 5 | 1 | 3 |
| 2015级环境设计 | 5 | 39 | 40 | 4 | 3 | 5 | 43 | 25 | 12 | 6 |

时，还会促进其他类型学生增加知识量，影响到知识创新扩散在班级整体的水平。

由此可见，班级个体的不同特性决定了知识能否有效地实现传播扩散和共享。因此，建筑美术教学改革中知识传播扩散的研究显然离不开学生——创新的采纳者，他们是衡量建筑美术教学改革效果的重要标准。

（3）知识传播扩散的渠道与传播形态

在创新扩散理论中，罗杰斯关注的传播渠道主要为大众传播和人际传播。他指出："广泛的传播渠道就是那些来自研究的社会系统之外的渠道；人际关系渠道可能是广泛的，也可能是地域性的，而大众传播渠道则几乎全部是广泛的。"[11]他认为：大众传媒的作用是创造信息和传播信息，使信息迅速传播到许多受众那里；人际传播则主要提供信息的双向交流，同时说服个人去形成或改变一个强硬观念。这些都充分说明现代社会创新事物的传播扩散不是单一的，而是多种多样，并在各自的领域担当各自的传播角色和任务。

这些研究成果给本文的启示是：对建筑美术教学改革中知识传播扩散的研究，既离不开以班级为单位的教师与学生之间的人际传播形态的研究，也离不开在现代艺术设计教育体系下，广泛的校际、国际学术合作、互联网媒介传播平台的媒介环境的考量、审视，以获得建筑美术教学中知识传播扩散的合理方法和有效途径。

### 3. 建筑美术教学改革中知识传播扩散的过程模式

一般来讲，教育技术的采纳，根据采纳主体的不同可以分为个人采纳、团队采纳和组织采纳。[12]其中"个人采纳主要以学生、教师为研究对象；团队采纳主要以教研室、院系、专业为研究对象；组织层面的采纳主要关注学校整体的采纳行为与扩散过程。"[13]有关技术创新采纳和扩散理论认为：个人的创新采纳过程是一个伴随着对创新认识和评价等种种不确定性的消除并进而做出一系列决策的过程；组织层面的创新扩散研究重点通常放在创新的实际应用过程，而非采用决策上。[14]也就是说，个人层面和组织层面的关注点和过程是有所不同的。建筑美术知识传播扩散的个人层面可以理解为经由课堂等特定的渠道，在教与学之间传播并被采纳的过程；而对作为组织层面的建筑学科建设的高校或者院系而言，建筑美术教学改革中那些创新的知识传播扩散教育技术和方法，则会经历由个别到一般、由典型到普及、由局部到整体的扩散过程，并且这个过程与一般的技术创新扩散具有一定的同质性。

罗杰斯技术扩散传播论认为：组织创新过程通常按先后次序，分别由（1）问题设定、（2）匹配、（3）磨合、（4）厘清、（5）普及化五个组成。在这五个阶段中，技术创新扩散的效果（如采纳者数量、技术创新扩散成果数量）与时间的关系形成了如图1所示的"S"曲线，并构建了罗杰斯组织创新扩散过程五阶段模型。这个模型"实际上是把组织创新扩散过程分为两大阶段：以采用决策为分水岭，分为组织层面的创新采用初始阶段和组织内的创新应用阶段。"[15]揭示了组织创新扩散过程的内在规律。按照这个理论，建筑美术教学改革中知识传播扩散过程也可以分为五个阶段，并经历相识的过程，即在问题设定阶段提出建筑美术教改中存在的问题、匹配阶段探索建筑美术知识传播扩散的路径与方法，然后对建筑美术学方法与知识传播进行有效的磨合，并促使学生对知识传播方式和效果的认同，最后是创新的建筑美术教学方法得到普及应用。所形成的建筑美术教学改革中知识传播扩散过程的五个阶段模型如图2所示：

从这个模型可以看出，在建筑美术教学改革中知识传播扩散过程初始阶段，一般涉及对知识创新传播的了解、自身需求的分析以及潜在效果等采纳

图2 建筑美术教学改革中知识传播扩散过程的五个阶段模型

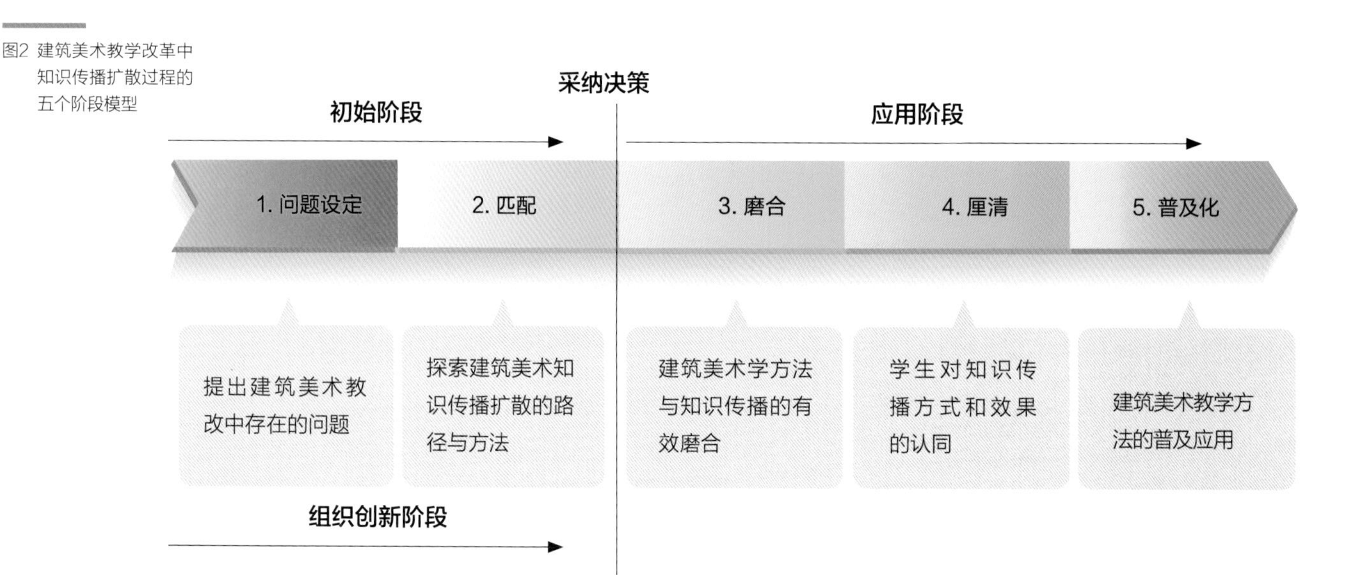

决策的准备工作，即问题的设定和匹配阶段。在这一个阶段需要将“提出建筑美术教改中存在的问题”与“探索建筑美术知识传播扩散的路径与方法”关联起来，论证这些方法是否能够满足解决问题的需要。在这里，组织知识传播扩散的重点在应用阶段，这个阶段主要是针对知识传播扩散的创新的建筑美术教育技术的推广，是在学校、院系乃至班级等组织内部获得知识传播效益的关键阶段，存在许多不确定因素和众多障碍，需要在工作中认真对待。

## 四、建筑学科美术教学知识改革创新扩散的路径选择

**1. 教学理念新颖，教师的主导地位突出**

教师作为创新扩散的代理人，在建筑美术教学中，面对现代建筑学科快速发展的浪潮，自身专业素养的提高非常必要。

不可否认，现代建筑学学科建设中的教学、科研和生产一体化的性质鲜明而突出。这就对建筑美术教师提出更加严格的要求，双师型教师的培养势在必行。也就是说，教师要扮演教师和设计师的双重角色。实践证明：教师如果不从事相关的设计实践探索，知识和学术水平会停滞在原有的程度，很难提高，其教育的质量也可想而知。双师型教师的要求体现在建筑美术教学中，要求教师在教学观念上能够宏观地把握建筑美术教学的理念，厘清建筑美术课程内部之间的关系。例如：《设计素描》课程中的明暗素描、结构素描和创意设计素描之间存在的有机联系，要求教师既不能完全否定传统的明暗素描教学体系对建筑学科专业教育的作用，也不能为训练学生造型能力而进行为技术而技术的培养。美术教师要提高对建筑学科专业的认知和了解，从横向的角度，对建筑学科相关的专业方向和培养目标有较为全面地认识，了解建筑学科不同专业对建筑美术的课程要求，充分调动学生能动的学习积极性。学生作为创新的采纳者，对于未来专业的学习有待于教师通过建筑美术的教学得到启蒙，从而奠定他们良好的专业意识。

因此，可以说基于创新者能力培养的双师型教师的作用，有助于建筑美术教学改革中知识的传播扩散，使课堂突破简单的教授模式。确保教师能在建筑美术教学中以专业独到的眼光，建立起教、学、产之间的紧密联系，并以科学、有效的教学方法把有关建筑美术的知识、技能传授给学生，提高教学质量。

**2. 和谐课堂，抓两头带中间，促进班级整体水平提高的科学方法**

课堂构成了建筑美术知识传播创新扩散的网络。在这个网络中，创新的传播表现为人际传播。“人际网络的普遍模式是具有同质的扩散网络。这种同质性意味着，那些跟随者通常都是从关系密切的地位等相当的观念领导者那里吸取有关创新的经验与教训。”[16] 这充分说明构建以教师为主导的，学生能动参与的理性、和谐的课堂环境，有助于建筑美术教学过程中知识的创新扩散传播。

根据罗杰斯创新扩散“S”曲线理论，笔者在多年的建筑美术教学中，总结出“抓两头带中间，促进班级整体水平的提高”的教学方法。

所谓“抓两头带中间，促进班级整体水平的提高”教学方法就是：

在建筑美术的教学过程中，依据教学班级的学生对象，因材施教，因势利导地制定出适合知识传播、提高教学效果的有效方法。具体表现为以创新者——教师为主导，全体采纳者——学生共同能动地参与的教学模式。首先，教师在建筑美术教学伊始，以理论讲授和技能示范相结合的手段，传播创新的建筑美术的相关教学内容；其次，再根据班级学生群体接受知识的差异程度，划分出接受比较快、能力比较强的少数优异的学生和少数反应比较迟钝的学生；对于优秀学生特别关注的作用首先在于能很快地说明知识传播、创新接受的可行性、合理性和有效性，同时对于大多数普通生来说能起到一个很好的示范作用。再次，这些优异的学生同时还能扮演二级传播者的角色，帮助教师传播创新的知识和技能，从而带动班级教学水平、教学效果的整体提高。需要强调的是，对于少数反应比较迟钝的学生，处理方法上应当扬弃创新扩散理论对于滞后者的放弃态度，对这样一类学生应特别关注，重点辅导，充分体现教育的公平和教师的责任。

另外，在建筑美术教学中，实施科学、有效的评价标准是不可轻视的。

课堂教学是建筑美术教学过程的中心环节，根据罗杰斯创新扩散理论对于创新采纳者的量化比例，制定科学、合理的课程评价标准。具体包括：教学目标、教学内容、教师行为、学生行为、教学效果和教学特色六个方面的内容。这些科学、有效的评价标准，是教师进行教学设计的基本依据。据此，教师作为创新者可以根据教学内容实施创新的教学方案，依据采纳者掌握知识的“S”曲线，正态进行教学效果的评价，总结出建筑美术教学中知识传播扩散存在的问题，促进教学水平的提高。

**3. 把握机遇、组织提高知识传播扩散的水平**

建筑美术作为建筑学科教学体系中重要的基础课程，长期以来，其知识传播扩散培育学生造型设计和艺术素养的教育功能是一个长期的、非显效的过程。较之于那些建筑学学科的主体课程诸如建筑初步、画法几何与阴影透视、建筑技术概论等而言，获得的个人采纳与组织关注、推广的差别非常显著。

建筑美术教学改革中知识传播扩散的过程模式

表明，建筑美术教学改革中知识传播扩散的效果除个人层面采纳影响因素外，组织层面的作用也非常重要。通过组织知识的传播扩散与共享，可以提高知识在学生之间的分布水平和组织知识传播扩散网络连接的强度。因此，作为组织，无论是学校还是院系，理应把握机遇、转变观念，在发展建筑学科的同时，搭建能够学科共享的资源平台，组织高水平的学术研讨会促进相关专业的交流，提供前沿建筑美术相关的教育资讯促进学生理解知识传播的广度和深度。凡此种种的行为策略，均有利于营造建筑美术更加开放的教学环境，在建筑美术的知识传播扩散过程中必定会产生全方位的影响。

4. 拓宽视野、提升建筑设计文化的自觉

目前，我国高等院校建筑学学科的发展进入快速发展时期已是不争的事实，但是，在繁荣兴旺的背后，还是暗藏着诸多矛盾和隐患。其中“文化自觉”最值得关注。

所谓“文化自觉”，是借用我国著名社会学家费孝通先生的观点：它指生活在一定文化历史圈子的人对其文化有自知之明，并对其发展历程和未来有充分的认识。换言之，是文化的自我觉醒，自我反省，自我创建。在罗杰斯看来，具备“文化自觉”的人必定处在创新采纳，易于接受新事物的前列。而且，“文化自觉”是当今世界共同的时代要求，并不是哪一个人的主观空想。

现阶段，就中国建筑高等教育来看：首先，由于高校超规模的招生和建筑学科的快速发展，加之经济利益的驱动等因素，尤其是我国的高等建筑教育与国际接轨中产生的种种问题，导致我国高等建筑教育中人文根基的缺失；应当注意，西方现代建筑教育的强势，是因为它们根基于西方深厚的文化基础，有着循序渐进、逐步发展过程。其次，建筑学科作为一门交叉学科，需要融合工程建设、自然科学和社会科学等诸多方面的知识，综合性较强；其学科的发展需要有多元化和开放的视野，如果仅仅只考虑建筑材料及其技术、建筑地理环境及其控制技术等本体学科的因素，忽略社会观念及其文化的因素，势必会对建筑学学科的现代发展产生消极影响。再次，我国建筑学科的学生构成层次不同，例如环境设计专业的学生，在高中阶段文化成绩底子相对薄弱，从创新扩散采纳者的成分划分上来看，他们位处创新采纳的下游。同时，也由于建筑美术课程处在整个建筑教育过程的前端，并兼有建筑学科专业启蒙教育的责任。因此，在建筑美术教学改革中强化人文和文化的教育势在必行，由此而建构的文化意识和专业的理念会对学生产生深远的影响。

## 五、结语

建筑美术在中国建筑高等教育中的实践证明，它肩负着培养学生造型能力、开发学生设计思维、更新设计观念、演绎设计手法的重任。教学改革中对建筑美术知识传播扩散的研究，采用了传播学的理论工具，突出对建筑美术课程教学中教、学双方人的传播行为和接受的研究。研究中，传播学的创新传播理论无疑给建筑美术教学研究以深刻的启示，并据此总结出建筑美术教学的有关模式和行为措施。“天行健，君子以自强不息；地势坤，君子以厚德载物。”路在脚下，对建筑美术教学改革中知识传播的探索还将不断完善，以使在建筑学科的现代建设中发挥出重要的作用，培养合格的专业人才。筑·美

冷先平　华中科技大学建筑与城市规划学院，教授

参考文献

[1]（美）汤姆·海斯，克尔·马隆. 湿营销：最具颠覆性的营销革命[M]. 曹蔓译. 北京：机械工业出版社，2010.
[2]（美）埃弗雷特·罗杰斯. 创新的扩散[M]. 辛欣译. 北京：中央编译出版社，2002.
[3]（美）E.M.罗杰斯：创新的扩散[M].唐兴通等译. 北京：电子工业出版社，2016.
[4]（意大利）维特鲁威，建筑十书[M]. 高履泰 译. 北京：中国建筑工业出版社，1986.
[5] 杨代福：中国政策创新扩散：一个基本分析框架[J]. 地方治理研究，2016（02）.
[6] 吴建南，张攀. 创新特征与扩散：一个多案例比较研究[J]. 行政论坛，2014（01）.
[7] 闵庆飞，刘振华，季绍波. 信息技术采纳的元分析[J]. 2000－2006. 信息系统学报，2008（02）.
[8] 高峰. 网络教育技术采纳与扩散研究的元分析[J]. 开放教育研究，2010（02）.
[9] 金兼斌. 技术传播——创新扩散的观点[M]. 哈尔滨：黑龙江人民出版社，2000.
[10] 刘宏宇，樊文强：基于技术创新扩散理论的高校教育技术扩散过程模型构建[J]. 北京：现代教育技术，2012（02）.

# 建筑学专业“理性学色彩”教学模式的探讨与研究

文 / 贾宁　胡伟

**摘　要：** 面临建筑美术的教学周期短、时间少且学生基础薄弱，而就业和实践对色彩知识的需求越来越高等问题，针对建筑学工科学生的特点，从引导学生对色彩进行科学认知和理性分析入手，快速、有效地训练学生对形体空间的色彩进行抽象感知和表现创造，使教学质量得到明显提高。

**关键词：** 理性学色彩　空间造型　抽象感知　表现创造

近年来，随着课时的不断压缩，建筑美术教学由于周期短、课时占总学时比重较少且面临专业学生基础薄弱、课程时间不集中等客观问题，给色彩教学带来的难度也越来越高。如何让建筑学专业的学生快速掌握一定的色彩知识和技能，为后续课程做好衔接、打好基础，成为实际教学中亟须解决的问题。加之毕业生反馈，就业后除从事建筑设计外，不少人还进行着城市设计、城镇规划、景观设计、室内设计，甚至图形图像等多领域的工作，因此对色彩知识的需求越来越高。

基于此情况，如何引导学生对空间体块、色彩造型的认知，对建筑学专业学生显得尤为重要。为此，针对工科学生的特点，我们在课内增设了“理性学色彩”专题，引导学生对色彩进行科学认知和理性分析，快速、有效地训练学生对形体空间的色彩进行抽象感知和表现创造，教学质量得以明显提高。

## 一、总体教学思路

经过教学实践和经验总结，我们除讲述色彩基础的相关知识外，还以视觉表达要素及其形态组织为基本原则，把印象派绘画与空间混合，使其相结合，将此作为一种理性思维的重要手段，始终把空间环境塑造和创造性审美思维贯穿其中。着重强调表现形体及空间造型的色彩关系，认识、理解存在于空间结构中的色彩规律，让学生遵循构成法则与原理，运用视觉语言进行抽象表达，引导学生融会贯通地把色彩语言及其表现方法，运用到后续设计课程中。

前期通过学习色彩的基本理论以及色立体、色彩构成的训练，让学生从科学的角度理解并掌握色彩规律，引导学生学习正确的色彩观察方法；继而通过程式化、机械化、记忆化的科学训练方法进行分阶段的教学，启发学生以立体的思维去观察和理解物象，循序渐进地进行色彩的学习和理解。

## 二、基本原则与实施方案

整体教学遵循“由认知——发现、由再现——表现、由被动临摹——主动创造”的一体化过程，充分调动学生的主动性，激发学生的创造性思维和创新能力，引导学生去发掘、去实践，把艺术与建筑专业知识融为一体，寻求一种合适、合理的方法培养学生的空间认知能力和自我创造能力。

1. 注重“理性—感性”训练

一方面，注重理性思维训练。针对工科学生的特点，将理论知识的理性理解与实践知识的感性体会相结合，运用“理性思维”教学手段，引导学生理解色彩表现规律,学习并运用色彩的基本原理，对物体及空间色彩进行程式化训练和解构重构表现，培养学生准确把握物体诸多形式要素的能力，从而使学生掌握正确的色彩观察与表现方法。这一过程的关键，就是把学生平面思维方式转化到三维立体空间的思维方式上来，努力达到设计构思与设计表现的统一、感性与理性的统一。

图1 色彩变调训练

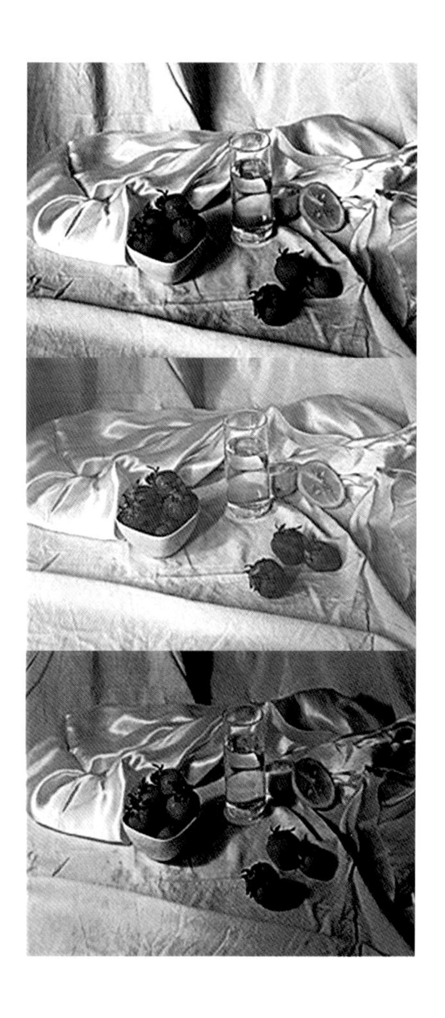

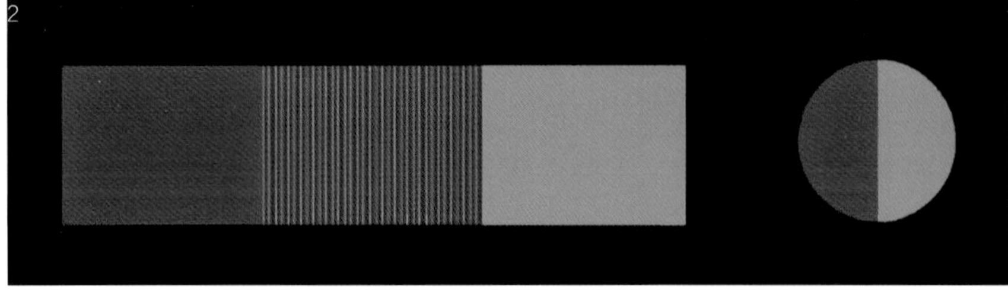

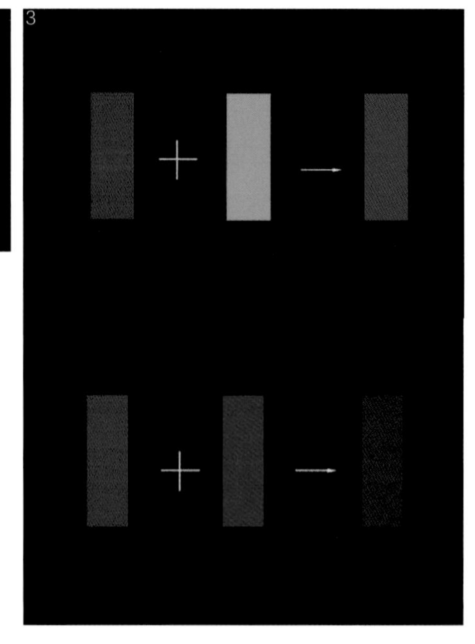

图2 色彩空间混合的并置与移动
图3 色彩空间混合规律

另一方面，注重抽象思维的训练。打破以往被动接受的阶段，让学生亲身理解与体会，积极主动地去探索其中的规律和内涵，认知“抽象”与“立体”之实质。通过抽象绘画和建筑抽象空间融合转化的实践训练，达到逻辑思维和形象思维的完美结合，培养学生的空间构成逻辑和创新思维能力，解决学生在建筑设计中容易出现的空间逻辑不足等问题。

2. 注重设计意识与创造思维的培养

设计思维是建筑学专业学生必须具备的专业素养，是设计的本质。因此，在色彩教学中加大对学生色彩设计能力的培养和训练，强化设计意识。如，在色彩写生中穿插加入色彩构成中的色彩设计，对一组静物写生进行色彩变调训练、冷暖对比训练等（图1）。打破学生只描绘客观物象的写生思维，改变其对色彩具象思维的习惯，并从线条、色彩以某种特殊方式组成某种形式或形式间的关系激发出创造性的表现，从而培养学生对于艺术造型的抽象思维和设计思维，为色彩设计思维的培养奠定基础。

在教学过程中始终贯穿对学生思维创造性的培养，努力转变学生的固有认识和惯性思维模式。通过多角度、全方位的思维开发和引导，打开思想和眼界，逐步形成具有创新个性的思维模式，继而形成设计创造的思维习惯，为建筑设计打下基础，激发学生学习的积极性与主动性，为其个性发展提供广阔的空间。同时，强化课程的专业性、实用性、实践性及审美性，通过由浅入深的色彩表现训练，结合设计审美法则，培养学生对色彩的科学观察能力、敏锐感知能力以及实际应用能力，使之成为学生进行思维创造和空间表现的视觉语言，获得色彩方面的艺术素养，为今后设计中的色彩运用与把握打下基础，形成知识学习与实际运用的一体化流程。把创造意识贯穿于造型训练过程的始终，以便更好地将具有专业属性的教学改革思想和方法应用于教学当中，从而使学生对美术基础与建筑形态有比较全面、客观的认知。

3. 注重理性学习与感性表达的融合

建筑学专业色彩能力的掌握与美术专业有所不同，如果说后者更多强调的是色彩表现的丰富、变化及色彩间的微妙差别的话，那么前者则更应重视对色彩理性、直观、快捷的表现手法训练。需要让学生以科学的方式认识色彩、分析色彩、掌握色彩美的基本规律，加强包括色彩构成、色彩空间混合、色渐变等多种色彩练习（图2、图3），使学生把色彩学的科学理论与个人色彩感受的感性认知紧密结合起来，从而提高在色彩方面的素养和逻辑，加强色彩的分析判断力以及色彩的概括力。

根据建筑学工科学生的思维方式因材施教，以科学的理性思维，引导学生理解色彩表现的基本规律，运用“空间混合+色彩构成”的教学手段，使学生在写生基础上，对色彩重新再认识，升华到色彩归纳的深层次，加强“表现色彩”和“设计色彩”理念的训练。把色彩的理性学习作为重点，培养学生从色彩直觉和心理效应出发，通过思维把复杂的色彩现象还原为基本要素（图4），根据色彩在空间的变幻规律，组合并构成之间的相互关系，创造新的色彩效果（图5）。

将色彩训练结合在建筑平面、立面、形体的生成过程之中,即把点、线、面、体的训练与建筑平、立面以及形体的设计直接联系在一起。让学生将自己的点、线、面作业生成的立面赋予色彩和材质，体现色彩表达及突出某个或某些形式美的构成法则，让学生学会在一个既成的建筑立面上进行色彩构成，体会到色彩在建筑平面、立面设计生成中的重要作用（图6）。从而为学生从基础的色彩学习转移到实际的色彩设计做好准备，不断引导学生从设计的角度来提升色彩修养，为以后高年级的设计课程打下良好的色彩基础，达到色彩课与建筑设计课有机衔接的目的。

4

5

6

图4 理性学色彩模式——单体训练
图5 理性学色彩模式——组合训练
图6 点、线、面、体的训练

## 三、教学研究的效果

经过多年的摸索和推进，根据建筑学的课程内容和专业特点，逐步转变思维模式、探索教学改革方法，采用程式化、记忆化的理性教学模式，将教学的各个环节转化为对各视觉要素的感知、分析、设计的认识和探索过程，逐步培养了学生在设计实践中，运用视觉语言进行表达、交流、研究和创造的自觉性，充分发挥色彩基础的专业支持作用，取得了明显的教学效果，得到了专业课教师的一致认可。

同时，学生在毕业设计及专业竞赛中，色彩运用能力普遍提高，增加了获奖概率。学生作业在建筑学专业指导委员会举办的全国高等院校美术学生作品大赛中获得一等奖、二等奖等多个奖项，教学课件获评金奖。在与专家、同行们的学习交流中，颇感建筑美术教学之路漫漫，仍将求索前行！筑·美

贾宁　中国矿业大学建筑与设计学院，讲师
胡伟　中国矿业大学建筑与设计学院，教授

参考文献

[1] 陈飞虎.建筑色彩学[M].北京：中国建筑工业出版社，2007.
[2] 周迪.转型创新下对独特性的需求与培养初探[J]. 湖南人文科技学院学报，2017, 34(6)：81-84.
[3] 张敏.建筑学专业美术课程设计化构想[J]. 科技教育，2016(4)：81-82.
[4] 谢涛. 一体化教育模式下建筑学美术基础的教学研究与实践[J].学园，2015(10)：26-27.
[5] 林攀科. 关于建筑学色彩认知能力的思考[J].牡丹江大学学报2013，22(8)：166-168.

# 建筑学科的艺术造型教学——素描（上）

文 / 刘辉

**摘　要：**建筑学科素描的学习，不仅强调结构、造型表现的线性素描、对空间的渲染、光与影的描绘，而且以构成原理来把控画面的处理，通过装饰表现、抽象、意象的等表现，来培养设计师的形象思维、创意、创新能力。

**关键词：**设计　素描　造型　结构　解构　重构

图1 三角形构图—许琳昕

素描无疑是造型艺术的基础。素描对于造型艺术的意义正如建筑中的基石一样重要，同样它也是艺术家的灵魂，是我们需要一生孜孜追求的。今天的结构素描、设计素描、创意素描、新表现素描等，精彩纷呈。这得益于国家经济和多元文化的发展，得益于新兴产业与文化创意产业的发展，而各学科之间的交流、促进，也使素描教学呈现出其主创性、专业性、拓展性。

## 一、结构与造型

自然界任何物质都具有本身的结构，我们这里所谈的是指物体的形体结构。比如画架、凳子，木头之间的结合部位，即榫头之间的结合就是结构；植物树枝、叶片、花卉也同样具有自身的结构。我们去表现它们的形体必然要了解它们各自的结构，对结构的强化表现，有助于增强对形体的认知和造型的感染力。特别是初学素描阶段，集中精力，着重形体结构的表现，更容易去把握形体的本质，也便于对透视的理解与把握，也更适于设计相关专业的学习需求。

在理解结构与造型关系的基础上，以客观物体或艺术作品为对象，根据设计的需要，进行符号意义的分解，进而设计重构，打破、颠覆一些传统的设计原则和形式，以重构崭新的画面。对艺术设计而言，解构与重构的学习是极为有效的训练方法。

### 1. 观察与构图

素描是视觉艺术的一部分，同样离不开眼睛的观察。我们要观察什么，怎么去看，以及如何去构图，这在画画之前是必须要考虑的。通常，所谓“观”即是看，“察”就是要辨。我们一定要明确，通过写生训练，我们的学习要达到什么效果以及目标。每一位同学面对写生的角度不同、美术基础不同、文化素养不同，观察的兴趣点也大不一样。我们这里主要谈些初学者往往忽略的观察点：比如几何形体，一个最简单的正立方体，我们往往会凭经验、印象只考虑正方形，而忽视了体。一个正立方体不单单是一个正方形，它常常有一个六边形的外轮廓，还有一个“Y”形状的内轮廓，这才是体的概念。所以，我们观察物体时就不能只考虑表面的形，也要考虑体，以及各个物体之间的穿插关系、结构关系等。

图2 建筑写生—周良顺

图3 风景写生—刘辉

图4 结构素描—陈雁南

构图、观察与思考也是不可分开的，通常思考比单纯的看更为重要，没有思考就很难有好的构图。要带着思考去观察、去构图，这需要知识的积累、文化的积淀和艺术素养的提高，以提升艺术知觉，再去影响我们的观察能力、构图能力。在室内画静物，我们通常是以三角形构图来处理画面。这种三角形可以是正三角也可以是斜三角或倒三角，其中斜三角较为常用，也较为灵活。（图1）

当然，我们也可以运用一些非常规的观察与构图方法，把我们所观察到的如何安排在画面上，并能够巧妙地处理这些素材，发挥出无限的创造潜力，使画面上的形象表达与自己的构思相一致。构图有其应当遵循的一些规则，但这仅仅是为避免一些典型的弊病。 我们不但要了解这些构图方法，还要有创新意识，规则也并不总是一成不变的，所谓法则只是入门的指导，艺术的最高境界则是“艺无定法”的。我们可以通过一些微距观察、局部放大的方法，以及建筑物部件的写生学习，以锐敏的视觉，运用丰富的想象力来训练我们的观察与构图能力。（图2）

如果画风景，一条小径或一条流经村落的小河都会引导你的视线，据此来把握我们的画面构图；在水乡，我们可以取建筑一角，也可以凭借“烟雨长廊”去构图；在古民居中，我们通过小小的弄堂来取景，画蜿蜒的石板路；可以画错落有致的马头墙；画透过门洞的景致；走到高处画山脚下的村落，也可以跟随流经村落的小河去表达画意。（图3）

2. 结构与造型

素描学习初期，线条、形体比例、透视规律的学习，对于没有美术基础的同学尤其重要。起初，线条总是画不直、画不到位。我们知道，写字时通常是通过手腕的运转来进行，而画较长的线条时就要尽量不使用手腕，最好是通过肩部、肘部的运动来带动手中的画笔，这样线条就会拉得直了。有时线条是画直了，可不是我所要画的部位，在训练时可以先通过一个点作其水平线、垂直线，也可以在画纸上标注距离稍远的两个点，若要用一根长线把它们连起来，就不要关注你在画的线条，你只要把画笔放在一个点上，眼睛盯着另外一点，匀速地拉动线条，这条线自然而然就会到位。当然，对于线条的虚实、轻重、缓急的把握，还是要勤奋练习的。画面近处的线条，所谓的结构点、骨点即线条连接处，线条可以画得实一些、重一些、紧一些；画面远处的线条，物体的次要部分以及透视线等，线条可以画得虚一些、轻一些、松一些。（图4）

我们知道建筑物有砖混结构和框架结构，现代家具有木结构、钢结构，板式家具是用螺丝组合在一起的，实木家具是用榫头来组装起来的。这些结构的不同往往是由于造型和功能的需要，自然界也由于结构的不同，各种形态千变万化，造型各异，给我们带来不同的感受，丰富着我们的生活。在素描学习中，结构主要是指解剖结构与形体结构。解剖结构顾名思义是指人体和动物的骨骼、肌肉所构成的解剖关系。中国绘画中有“画马难画骨”之说，故熟悉、了解解剖结构，是人物、动物造型艺术的基础。形体结构是指物体的内部构造及其构成关系，是物象形体的内在依据。结构与造型通常是局部与整体的关系，其实结构自身也具有造型，比如一颗螺丝钉或一块砖头，更不用说木榫头、骨关节。有时我们看初学者的素描，往往会说结构松散，画面造型柔弱无力，不扎实。这就好比木凳子的腿松了，虽然有榫头，有其结构，但这个结构点不结实、牢靠，画面在其结构点上的线条描画还要再着重加深、强调一下。

自然界中，一切物象的外在形态都取决于其内在的结构构成关系。认识与掌握物象客观的结构构成关系是从事造型艺术必备的专业基础。在学习素描过程中，面对较为复杂的形体结构关系，诸如楼梯等。我们无论是以线来描绘，或是以面来塑造，都要厘清、把握其结构关系。从大处着手，比如车轮、车架，再以小处、局部入手加以刻画，准确地塑造形体。(图5)

3. 解构与重构

20世纪50年代，乔治·克鲁佐拍摄的纪录片《神秘毕加索》，展示了毕加索千变万化的创作过程，给我们带来了扣人心弦的感觉。毕加索曾说过："就我个人而言，一幅画乃是破坏的结果。"在观看这部影片的过程中，我们能够清晰地感受到这种破坏、再生。从毕加索、莱热、杜尚等大师的作品中，我们看到的是将物象、形体打破，然后重新组合，形成一种所谓"完整"的空间和形态，充分体现了解构主义的灵魂。众多的设计师们通过蒙太奇和拼贴手法，创作出一幅幅解构主义作品，为设计领域带来了深刻的影响。又如，一些老师在画室里把石膏、陶罐等教具故意打碎给同学们画，或许也是有意识地引导同学们，进行一种重构与解构的写生训练吧。从一些大师们的作品及创作过程中，我们可以看出解构与重构的一些绘画方法：就是设法把完整的物象、形体画面试图分解，而后把这些元素再根据需要，依据形式美的规律进行重新组合，即从物象、形体的结构和特征入手，从不同角度去观察、解剖事物，从一个具象的形态中提炼出抽象的成分，用这些抽象的元素再组成一个新的形态，产生新的美感。(图6)

图5 楼梯写生—何晓帆
图6 解构与重构—乔宇

5

6

如今，电脑、多媒体的广泛运用，多种学科的交叉、借鉴使得我们的眼界更加宽广。这也给我们一个提示，要有创新，就要从其他学科获取营养，特别是一些边缘学科，诸如音乐、戏剧、舞蹈，甚至于心理学、哲学等。

## 二、线条与光影表现

有人说，中国传统绘画追求精神境界，画面空灵，讲究写意，所谓"写胸中逸气"，追求的是感觉，表现的是心情；西方传统绘画往往追求光的运用、明暗关系的把握与透视的理解，画面充实，讲究的是写实。中国绘画对线条的理解、表现要大大强于明暗的表现，多了也未免有些程式化，但是的确也便于我们学习，比如"十八描"，还有中国洞窟壁画、中国书法等，这都是我们学习线条表现方法最好的源头。当然西方也有许多线条绘画高手，如荷尔拜因、安格尔、席勒、菲钦等。至于光影即明暗表现方法的学习，我们只有到西方绘画大师那里去找源泉了。最为关键的是，生活中我们也要注意观察，早晨、午后的一缕阳光、烛光等或许会为我们带来灵感，运用于写生、设计素描之中。

1. 线形表现

表现什么样的造型，表达画面什么样的效果，就会需要什么样的线条；你使用什么样的线条，也会表达出你怎样的情绪。我们通过一组同学们的纸版画作品，来体会线条是造型艺术最为重要的表现语言，或内敛、外露，或枯涩、流畅，或婉转含蓄，或激情迸发等情绪都能从各式各样的线条中流露出来。

我们可以从中国古代绘画中得到借鉴，盛唐最杰出的画家吴道子，所画人物的衣带临风飞扬，飘逸洒脱，充满动感，“满壁风动”，所谓“吴带当风”；北齐画家曹仲达，虽绘画作品早已失传，但我们有幸能看到龙兴寺的出土佛像，其北朝作品体现了画史上著名的“曹衣出水”样式，笔法刚劲稠叠，所画人物衣衫紧贴身上，犹如刚从水中出来一般。中国古代绘画强调线条表现，其各种描法较为程式化，但其力作在历史的长河中还是不计其数，浩如烟海。诸如因场面之宏大，人物比例结构之精确，神情之华妙，构图之宏伟壮丽，线条之圆润劲健，而被历代画家艺术家奉为圭臬的《八十七神仙卷》；北宋著名画家李公麟的《五马图》，墨笔线条简练，以提按、轻重、转折、回旋的手法，清晰地表现出肌肉骨骼，身体的重量感、软硬质感，乃至光泽印象，形神毕肖，气韵飞动。

我们还可以从西方绘画中汲取营养，德国画家荷尔拜是西方最有名的肖像画家之一，其宗教画、版画和书籍插图，线条流畅，风格洒脱。埃贡·席勒以苍劲、扭曲的笔触，其粗犷、近似于神经质的线条刻画，给我们以欲望、敏感与痛苦的画面效果，令人震撼。这说明线条不仅仅能表现造型，更是一种精神载体。通过对大师名作的学习，认识与体会，运用于我们的素描学习之中，定会有所收获。我们选择植物、花卉来练习线条的婀娜婉转、刚劲爽利；选择静物、汽车模型等来训练线条的轻重缓急；以柔美、苍劲的线条来表现人物的个性与特征；以各种质感的线条表现建筑、风景来表达我们的情绪。同样也可以运用灵动的线条来表现具有创意的设计素描等。（图7）

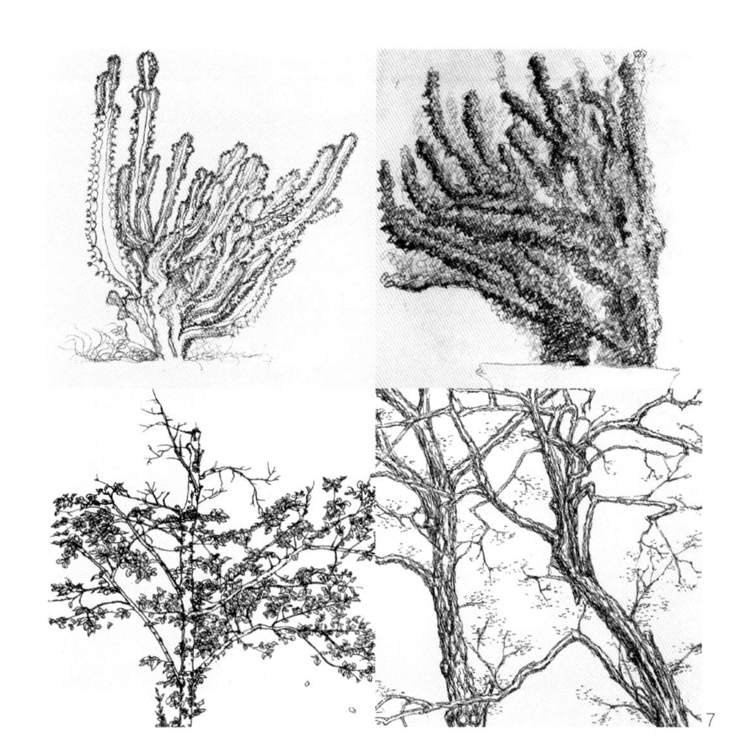

7

8

**2. 光影表现**

讲到“光与影”，我们马上就会想起被后人称之为伦勃朗式的光影明暗画法，即主要利用光线来塑造形体、表现空间和突出重点，画面气韵生动，层次丰富，而且富有戏剧性。印象派代表人物莫奈，擅长光与影的实验与表现，其作品《日出印象》，以短碎、刚柔相济的点状笔触描绘出晨雾中阳光的迷蒙氛围。晚年的莫奈创作了若干组画作品，对同一个干草垛、同一个教堂，在不同季节的早、午、傍晚，随着阳光的变化作画，同一个教堂作品竟有20余幅，这些画“画出了生命在光线变幻的时时刻刻所呈现的永恒美”。

初学素描时我们知道三大面和五调子：物体在一点光源的照射下，分为两大部分：亮部和暗部。这两大部分的交界处称为明暗交界线，在方体物中呈黑、白、灰三大面。明暗交界线在圆柱体或球体中呈有转折的渐变状。因而就出现“高光调、亮部中间调、明暗交界调、反光调、投影调”等五调子。我们也知道形体透视是“近大远小”，明暗规律是“近清楚远模糊”，立体物受反光影响，每个面总是由深到浅以渐变方式呈现，亮面的背景一般是灰暗的，暗面的背景一般是明亮的，不同的物体也有不同的明暗表现，反映出不同的物体质感等。这些规律可以通过石膏模型、静物写生训练中加以掌握。“光影”对于视觉艺术是必不可少的，有了光，我们才能看到世界上的一草一木，看见了形，有了光，也就有了影。“光与影”对于素描艺术就是明暗的表现，我们

图7 植物写生—张伊莎
图8 静物写生—宜佳

9

10

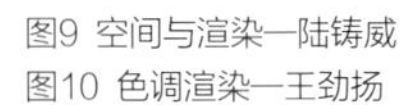

图9 空间与渲染—陆铸威
图10 色调渲染—王劲扬

知道一幅素描作品可以处理成高调子、重调子，高调子就是减弱画面的深色部分，给人以迷蒙、明亮、柔美的视觉感受；重调子就是增强画面的深色部分，给人以凝重、浑厚、力量的视觉感受。(图8)

在进行静物光影表现时，我们也可以与线条的表现结合起来，这样的造型显得更为扎实，特别是一些植物、线感较强的景物，比如花卉、树根、木桶、耳机、风景等。运用线面结合的形式进行一些小幅的素描训练，则更为方便、快捷、有效，当然一样可以画出较为扎实的设计素描来。

3. 空间与渲染

在造型艺术中，空间可分为平面空间、立体空间，也就是二维与三维空间。空间对于建筑、雕塑等我们都不难理解，一座建筑物为我们提供了居住、生活，是一个有遮掩的内部空间，同时也带来了一个不同于原来的外部空间；一座雕塑作品从不同角度观看都具有不同的空间感受。绘画、设计素描中对于空间的描述则更为丰富，无论是以形体结构为主的线性表现，以明暗光影描绘为主的全因素素描，还是强调设计的创意表现，都离不开有关空间的探讨。

在绘画的历史长河中，人们慢慢掌握了运用形体、光影、透视等造型手段来塑造空间：我们来看张择端的《清明上河图》，一幅画里描画了五百多个人物，不同类型的舟车、桥梁、市街店铺、民居不可胜计，这正是得益于散点透视的运用；莫奈的《日出印象》也使我们感受到空气透视的真实可信。这些是画家们营造出的视觉幻象，是运用透视规律来营造的视觉空间。当然，绘画作品可以去营造、模仿三维空间，同样也可以还原绘画作品的平面性。现代艺术之父塞尚及抽象艺术大师康定斯基、蒙德里安，放弃透视法，探索、追求绘画的本质及画面构成规律，强调绘画的平面性本质，使绘画的物理空间与艺术空间相一致。(图9)

我们可以从这些大师的作品中去学习、理解，从素描写生中去实践、认识空间构成。在文艺创作中，我们常常运用渲染这种表现手法，对文章中环境和人物着意描写、烘托，以加强气氛，深化主题。在中国画技法里，渲染即以水墨或淡彩涂染画面，以烘染物像，增强艺术效果、质感和立体感，表现出和谐的色调。西方画家的素描作品对于调子、渲染所营造的氛围更是出神入化。在素描学习中，根据画面的虚实、强弱，运用各种材料进行刮擦、图染等手法，来进行明暗调子的描绘、渲染空间气氛，从而达到所需要的艺术效果。(图10)

## 三、结语

建筑学科的艺术造型基础——素描的学习，在当今不断压缩美术课程学时、艺术造型基础教学观点纷呈的情况下，无论如何发展，严谨的形体结构造型、线条与光影表现，依然是我们尽力去教与学的。“尽精微、致广大”不会过时，我们或许改变有关艺术造型基础的看法，更加关注同学的不同个性、不固有同一的评价标准，在各种技法训练的同时，强调思考、新时代新观念的认知、团队协作、以德育人等方面的把握。限于篇幅，素描学习中的图形表达、肌理表现、创意表现等待以后叙述。筑·美

刘辉　同济大学建筑与城市规划学院，讲师

参考文献

[1] 阿恩海姆. 艺术与视知觉. 腾守尧、朱疆源 译. 成都：四川人民出版社.
[2] 索斯马兹. 视觉形态设计基础. 莫天伟 译. 上海：上海人民美术出版社.
[3] 唐鼎华. 观察与思考：基础造型1. 北京：中国建筑工业出版社，2003.
[4] 王弘力. 黑白画理. 沈阳：辽宁美术出版社，1991.

# 浅析多媒体对建筑类艺术造型教学的作用

文 / 刘宏

**摘　要：** 随着科学技术的进步和社会经济的发展，多媒体在现代高校教学中的应用也越来越普遍。在建筑类专业的课程学习中，艺术造型课程是与多媒体联系最为密切的课程之一。它不仅彻底改变了艺术造型课程传统教学的形式和内容，丰富了教学信息，优化了教学方法，也对实践性教学产生了积极作用，备受广大教育工作者及学生的喜爱。本文以同济大学建筑与城市规划学院为例，分析多媒体在建筑类艺术造型教学中发挥的积极作用。

**关键词：** 多媒体教学　建筑类艺术造型教学目标　未来教育

当今社会，计算机和手机的广泛应用极大地改变了人们的生产、生活和学习方式，以多媒体技术为核心的现代教学理念正在逐步改变传统教学模式，向着更为广阔的空间拓展，充分发散学生的学习思维，提高学生的学习积极性。本文主要研究在传统课堂教学模式基础之上，多媒体技术对现代艺术造型教学的作用。可以说，多媒体教学的出现是对教师教学方式的一次巨大挑战，同时也给整个现代艺术教学产生了深远影响。

## 一、多媒体教学

多媒体教学出现于20世纪80年代，它经历了一个从幻灯片、录音、投影仪、VCD等教学设备与教学实践相结合的过程，一直到电子计算机的普及和推广，多媒体技术才从传统的教学设备中解放出来，开始以计算机作为主要教学媒介在教学实践中传播。因此，多媒体教学是指在现代教学过程中，根据教材分析、三维目标和教学对象等特点合理地设计教学设计过程，选择现代多媒体教学设备，并将传统的板书、挂图等用具融入教学过程，制作成多媒体教学软件，然后开展教学活动的教学方式。

## 二、建筑类艺术造型课程教学特性

在艺术造型课堂上，教师的教学对象是以优异的高考成绩考入大学的建筑专业低年级学生。出色的文化课成绩也从侧面反映出学生的学习能力和学习素质，这类学生的特点是自学能力强、反应迅速、记忆力强，善于利用各种方式解决问题。初入大学，大部分学生的艺术造型能力较为薄弱，艺术造型课程将在一学年(102课时+2周实习)的时间内，教导学生掌握绘画的基本知识，其中包括素描基本知识、色彩基础知识以及风景绘画表达能力。除了掌握基本的专业技能之外，还需尽可能多地传授绘画艺术的发展历程，如繁多的绘画风格和种类，各异分支流派表达不同的着重点、形式、表现技巧等，进而引导学生领悟艺术是通过作品来反映人类社会生活的表达方式，其特征是用形象和形式来反映各自独特的美观和富有创造性的语言。如此丰富繁杂的艺术知识，仅靠现有的课时在课堂上完成所有的教学任务是根本无法实现的，而结合多媒体的教学运用，则在很大程度上缓解了课程无法按时完成的问题。

## 三、多媒体技术在艺术造型课程教学中的作用

当前，多媒体技术在教学领域中的应用已十分普及，愈发在教学中占有不可替代的重要地位。艺术造型课程的教学目的在于培养具有行业特色的专业人才。具体而言，艺术造型课程应该在教学中，始终注重学生的综合素质、学习能力以及创新意识的全面发展，注重审美意识的提高，增强学生的审美素养，这些功能的实现都离不开多媒体技术的运用。

### 1. 改变传统艺术造型教学的课程表现形式和内容

在现代艺术造型的教学中，传统的教学手段是面对面的教学方式，较为注重实践性技能的训练但

忽视了理论知识的传授。这种轻理论重实践的传统教学方式严重阻碍了学生对艺术造型内涵的整体理解，课堂上学生思维不够活跃，缺乏与教师的互动，而教师本人也仅能凭借自己已有的知识结构和经验来教导学生，无法体现现代艺术教学本身的生动性、全面性、准确性，学生的学习欲望降低，对了解艺术的兴趣减弱。如今，评价一堂课教学效果的好坏往往取决于教堂的教学内容和课堂教学的表现形式，在艺术造型课程中，引入多媒体技术可以对课程的表现形式产生重大影响。多媒体技术可以及时依据计算机平台综合处理各类信息，并进行资源共享，逐步将大量丰富的教学信息资源实施带入课堂，从而改变以往教学内容有限、教学表现形式单一的缺点，运用文字、图像、声音、视频、动画等教学手段可以全方位、生动直观地展示艺术造型教学内容的深度和广度，大大拓宽了学生的知识层面，促进了学生向新知识结构的有效迁移，满足了大信息量教学的需求。

**2. 丰富教学信息，扩宽教学领域**

在艺术造型课程教学中提高建筑类学生的综合能力，其中一条重要的途径就是相关性知识的获得。在传统面对面的教学中，教师主要尽可能多地用口头表达的方式传授给学生该专业范围内的相关知识。然而，由于掌握资源有限，信息获取途径较少，学生往往很难想要进一步了解相关专业知识，而多媒体技术则很好地改变了这一情况。多媒体技术具有信息量繁多、信息表现生动直观、信息更新速度快、信息覆盖范围广等特点，大大激发了学生学习现代艺术造型的兴趣和探索欲，拓宽了学生学习的视野，进一步帮助学生加强对课堂上教学内容的理解，提高教学效率。例如：在建筑类的设计基础课——平面构成中，对于点、线、面抽象元素的教学如果采用传统面对面的教学方式和板书，则根本无法体会艺术创作的特点，很难让学生理解设计与这些抽象元素之间的联系，而多媒体技术则可以引入大量有关平面设计的作品让学生欣赏，并从作品中慢慢去体会点、线、面元素同设计的具体联系。这样学生可以从直观的视觉效果出发，理解平面设计的特点，同时也激发学生的学习兴趣，提高学生的注意力，从而形成一种新的学习动机，更好地优化学生的学习方式，培养学生合作学习的能力。

**3. 优化教学程序和教学方法**

在艺术造型课程教育过程中，多媒体技术的教学应用对教学形式产生显著变化的同时也优化了教学程序形式，形成了以学生为中心的合作化教学、个别化教学以及探究化教学模式，从而真正从传统的以教师为中心的班级授课中解放出来。其次，建筑类专业的学生，主要是通过高考成绩进入大学，其美术功底较差，传统课堂上短时间内的练习无法达到教师示范的效果，教师的教学需求和学生的学习欲望无法得到满足。而多媒体技术的应用则使教学方法开始向综合化的方向发展，成为实现教学任务和教学目的的有效保证，满足了教师教学和学生学习创造的多层次需求。学生可以更好地发现问题、分析问题进而解决问题，学习能力得到了提高，组织策划意识也逐步增强。

## 四、多媒体技术在艺术造型教学中的影响

多媒体技术在现代艺术造型课程教学中彻底改变了传统艺术教学的课堂表现形式和内容，丰富了教学信息，拓宽了教学领域，优化了教学组织和教学方法，除此之外，对实践性教学也产生了重要的积极作用，备受众多教育工作者及广大学生的喜爱。它在提高教师教学效率的同时还大大提高了学生的学习效率，特别是在专业的基础知识传播和留存上对专业的继承和研究具有十分重要的作用，在一定程度上减轻了教师的工作强度和教学负担。但是过度使用多媒体教学同样也存在着不少弊端。教师如果过分依赖多媒体教学，将多媒体作为唯一的教学手段和教学表现形式，长此以往就会消磨学生的学习兴趣，造成适得其反的效果。其次，目前部分教师在使用多媒体教学时，往往站在讲台前进行讲授，很少与讲台下的学生沟通交流，师生之间缺乏情感交流，互动较少，很容易让学生产生没有教师也可以依靠多媒体技术进行自学的这种行为心理，这大大影响了教师在学生心目中教书育人的崇高形象，拉开了学生同教师之间的距离。艺术的特性是先继承、传承专业基础之后再熟练运用自身体系的个性、灵性来发展、延续艺术规律，艺术造型课程中教师的经验传授和情感表达是机械表达的多媒体技术无法取代的。

## 五、结论

针对建筑类艺术造型课程具有直观性、实践性的特点，多媒体信息化技术作为一种新型的现代教学手段，在现代艺术造型教学活动中产生了积极作用，极大地提高了教师课堂教学的生动性和互动性，激发了学生对艺术造型课程的喜爱，但是这种适应信息时代要求而产生的教学手段目前还需要进一步探索，更多的信息资源在现代艺术造型课程教学中应用还有一定的难度，它需要教师、学生、学校等多方面共同努力才能得以实现。

未来教育模式的确立还有很长的道路要走，多媒体技术在艺术造型课程教学中的发展应用，需要广大教师多制作优秀的多媒体课件应用到课堂教学中，不断收集反馈意见，完善新型教学模式，建立新型未来教育理念，从而培养出适应时代要求的高素质、高技能人才。筑·美

刘宏　同济大学建筑与城市规划学院，副教授

参考文献

[1] 杨宏伟. 多媒体教学的本质与原则探析[J]. 教育与现代化，2006(2)：2.
[2] 胡素云. 谈多媒体技术在艺术设计教学中的优势及应用[J]. 实验室科学，2007(2)：129.
[3] 成胤钟. 利用多媒体信息技术提高艺术教学质量[J]. 决策与管理，2007(21)：50.

# 《Urban Parks as Active Urban Spaces，Re-designing Suzaki Park》
## ——日本九州大学人间环境学府国际教育课程案例研究

文 / 范懿　吴冬蕾　Prasanna Divigalpitiya

**摘　要：** 本课程选取了日本福冈市内的一个城市公园，由来自法、日、韩、中、美等国家的学生进行改造设计，要求学生着眼于地方文化与当地社会的现实问题，结合城市化发展过程中的一些普遍问题与解决方法，运用不同的文化视野，尝试通过设计来改善社会环境。本研究在课程的组织、设置中如何进行有效的国际化协作，对不同方式呈现的结果进行分析、反馈，从而引导师生深入设计思考，旨在为目前建筑教育的国际化交流提供有益参考。

**关键词：** 城市公园设计　建筑教育　国际化协同教育

城市公园在现代人的生活中越来越重要。随着时代的发展，它的构成方式也在不断改变。在过去，公园将自然要素引入了城市，缓解了过度拥挤的住房以及拥塞的街区给城市带来的窒息感。这些城市公园在当前仍具有一定的价值，但还可以通过改造设计挖掘出更多的可能性，在我们的城市环境中发挥更加综合性的作用。

图1 对象基地以及周边地区

福冈市中心地区有几个中型规模的公园。它们将自然引入城市，改善了城市的生态环境，同时为社区成员之间的交流互动提供了场所。这些公园为人们的健康生活方式做出了贡献。本案例中的须崎公园位于那津大街南侧的那珂河沿岸，该地区当时面临着如县立美术馆和福冈市民会馆等重要的市政建筑的重建工作。公园同时也位于天神商业区和大型巡洋舰定期往来的博多港之间。可以说，须崎公园是一个理想的设计议题，可以用来就城市公园在城市环境中的综合作用进行充分探讨。

在本次国际化教育的设计课题中，我们提出综合考虑周边环境、强化现代所需的城市公园功能，对须崎公园进行再设计。在这个课题中，学生们首先分析了项目基地的文脉背景、未来城市的发展潜力和使用状况，接着提出了三个不同策略的设计方案，最后教师也用心做了点评。通过本课题的学习，九州大学的学生以及来自多个国家的学生，不但了解了日本的城市特色也相互交流了设计方法与设计思想，裨益良多。

## 一、课程构架

### 1. 教学目标

20世纪下半叶，在日本城市发展的过程中，城市公园的重要性逐渐下降。然而，进入21世纪以后，城市规划者开始意识到这些公共空间对改善市民生活与激发城市活力的重要性。如今，与世界的其他许多城市一样，在日本的主要城市中，城市公园被赋予了重要的意义。实际上，它们为行人提供了专门的步行空间，即使在一个人口密集和高度现代化

图2 基地环境讨论要点

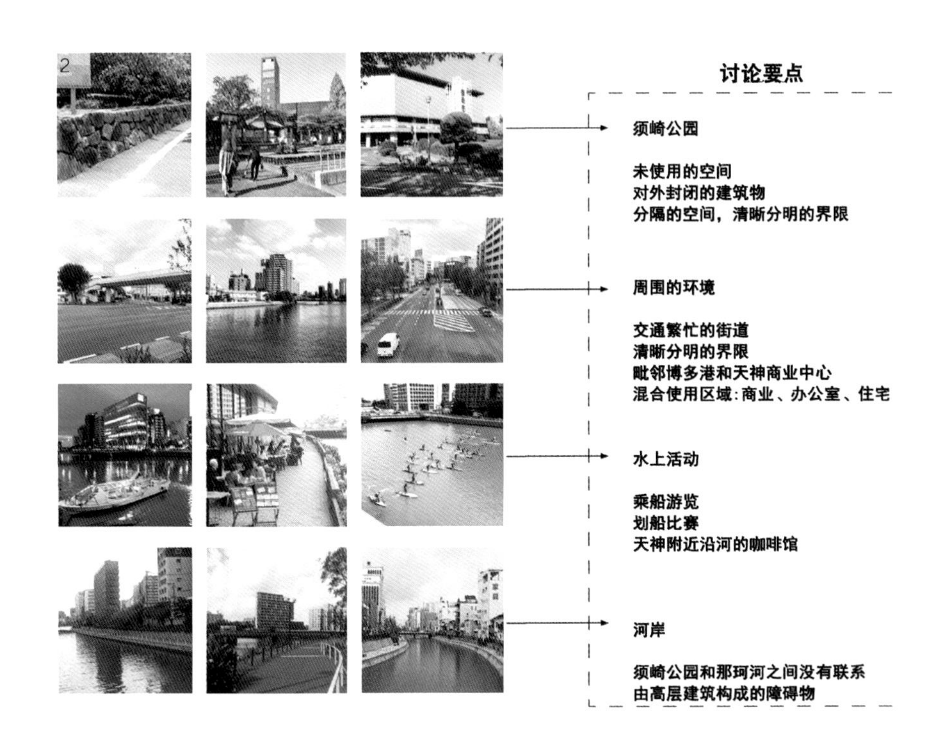


的城市中，人们也可以在这里与大自然亲密接触。此外，城市公园的发展还可以提高周边地区的整体活力与吸引力。改造成功的实例，我们在世界各地都可以找到，特别是在一些旧的工业区，一个大规模公园的开发往往是该地区复兴的契机。

我们选择了须崎公园作为改造设计的对象。如前文所述，该公园目前的使用效率较低，希望通过本次设计改造赋予这个公园一个新的身份，使它的功能更强大，更具有吸引力。此外，通过公园改造也可以重新定义与构建这个距离福冈市中心区不远但功能却相当复杂的地区。（图1、图2）

2. 人员配置

此城市设计课程是一个具有国际性的协同教育活动。参加的学生由来自日本、中国、韩国、法国以及美国的10位研究生组成。他们被分为三组，每个小组都由日本学生和外国学生组成。学生们在课程中，抱着各自不同的想法以及价值观，踊跃地参与设计讨论。此外，课程的5位指导老师也由来自日本、中国、斯里兰卡等多个国籍的成员组成。因此，课题的设计过程与最终呈现的结果均体现了多元价值观与文化观的冲突与融合。

3. 课程内容与进度安排

在第一节课上，首先对学生的兴趣点进行简短地讨论，之后根据讨论结果进行小组分组。在第一个工作周期，学生将重点梳理城市的文脉背景和建构设计问题，并在第一次发表会上展示其研究结果和初步设计理念。之后在剩余的几周内讨论和进一步完善设计。具体课程安排如表1。

## 二、课程主要步骤

1. 分析

此课题当中，每个小组在开始进行设计之前，都对须崎公园进行了研究分析，了解城市环境以及该地的使用现状等。根据研究分析，学生们给出了应该在提案中解决的问题清单。

课程安排表　　表1

| 时间 & 地点 | | 活动 | 具体内容 |
| --- | --- | --- | --- |
| October | 27 (Fri)<br>13:00PM<br>IT design Plaza | 开题 | 介绍<br>课题目标<br>分组 |
| November | 11 (Fri)<br>16:40pm<br>IT design Plaza | 评图 | 研究和发现城市文脉和设计问题、初步想法 |
| November | 17 (Fri)<br>14:50pm<br>IT design Plaza | 发表I<br>小组讨论 | 分析城市背景，概念方案和暂定项目名称 |
| December | 8 (Fri)<br>14:40pm<br>IT design Plaza | 评图 | 城市文脉分析<br>概念方案<br>城市设计方针<br>空间设计与建筑设计 |
| December | 15 (Fri)<br>14:50pm<br>IT design Plaza | 发表 II<br>小组讨论 | 设计方针<br>空间设计<br>平面/剖面 |
| December | 22 (Fri)<br>16:40pm<br>IT design Plaza | 评图 | 设计方针<br>空间设计 |
| January | 19 (Fri)<br>16:40pm<br>IT design Plaza | 最终发表<br>讨论 | 最终设计方案<br>包含草图，剖面图等的A1展板，<br>PowerPoint演示文稿和用来解释设计方案的比例模型/ CG模型 |

背景分析：最初，须崎公园是一个船舶码头，位于福冈市边缘的博多港。之后伴随着填海造地城市不断扩张，船舶码头成为含有市政大厅和福冈县美术馆的须崎公园。公园被那珂河和交通量较大的主干道路包围着，位于拥有居民区、办公区、商业区和划船比赛区的混合使用区域。然而，由于沿岸高层建筑阻碍了须崎公园与河流的联系，导致公园与河流的关系并不紧密。此外，已经开发了的河岸步行道，虽然连接并整合了混合使用区域和公园，并且具有自然的氛围，但却没有到达须崎公园。因此，导致了公园与河岸的隔绝。

2. 设计

经过了三个月的设计讨论，三组学生以对场地的研究分析结果为基础，分别从不同的角度提出了设计方案。下面将对这三组的提案进行介绍。

（1）第一小组的设计方案-Expanding Park

第一小组在分析过程中注意到须崎公园与城市其他地区的隔绝性。因此，他们建议将其与城市中心连接起来，使公园及其功能融入周围环境，并将其整合到现有的绿化网络中。

首先他们决定使用滨水公园和中岛公园对最初的公园进行扩大,并且通过对建筑物的重新规划，在河的两岸设置大的通路。由此，创建了一个具有连续性的、大规模的城市绿化网络带。接着，他们还把公园和那珂河连接起来,充分利用其潜力，通过高低不同的地形设计，在公园和河边之间创造了一个平滑的连接。

为了能够继续让市民进行休息、玩耍、生活、学习、娱乐等活动，以前的公园保留了所有与之相关的功能。然而，并不是所有的地方都在被有效地使用，而且不同功能之间的链接也几乎不存在。所以，第一小组尝试去连接每一个功能并且去除其边界（图3~图7）。

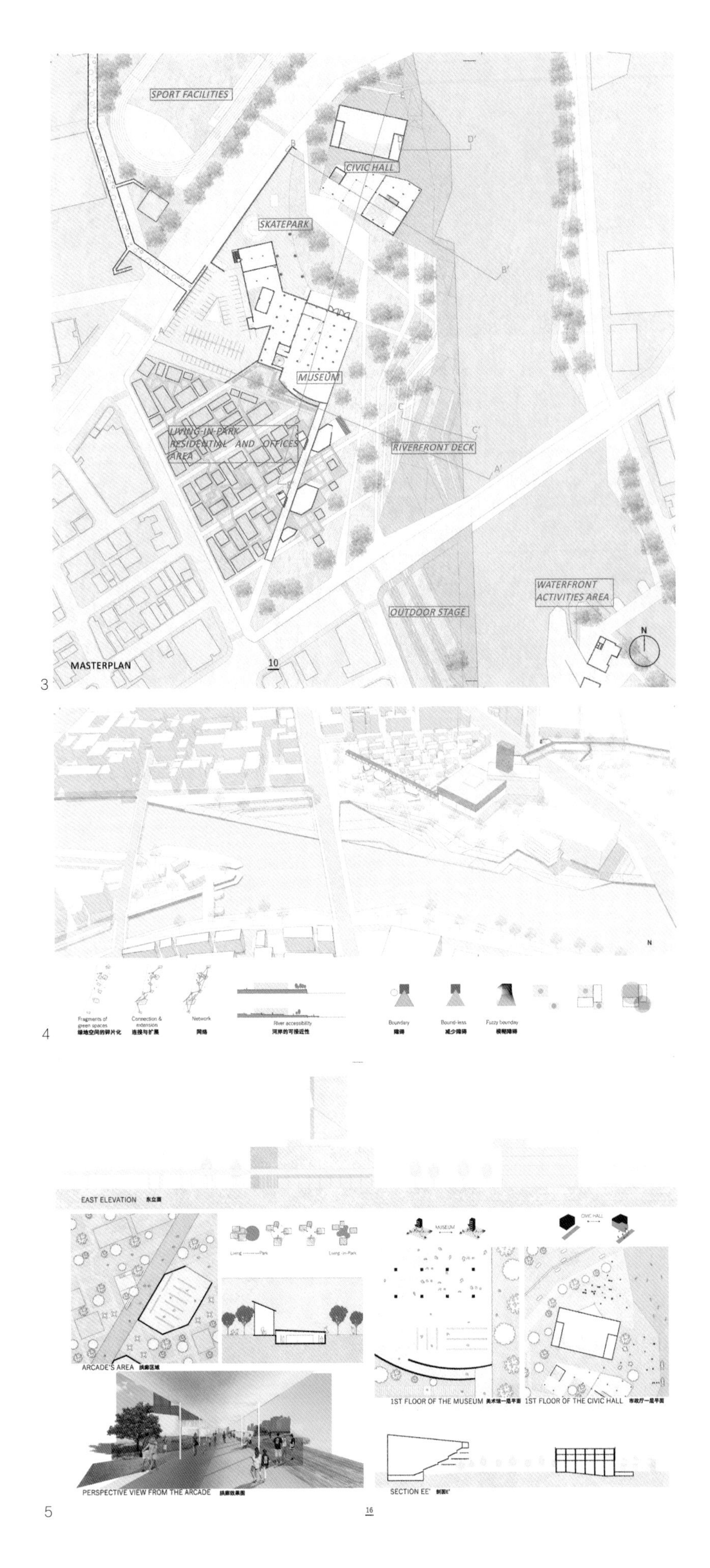


图3 总平面图

图4 分析图和全景图

图5 立面图、平面图、剖面图和效果图

6

图6 剖面图
图7 效果图
图8 总平面图
图9 剖面图

7

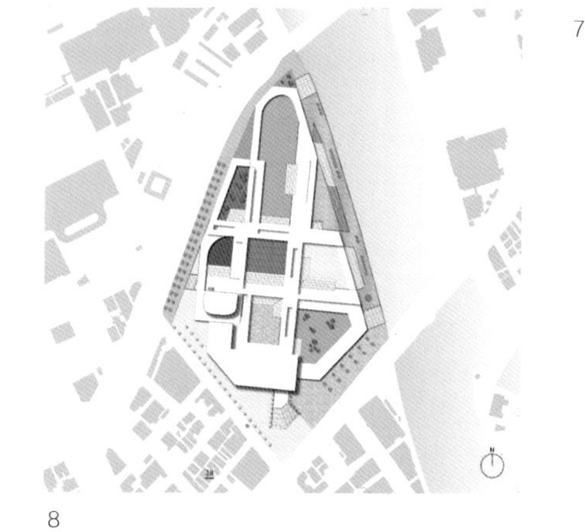

8

（2）第二小组的设计方案-Cultural Park

第二小组考察到最初计划作为福冈文化中心区域的须崎公园并没有充分发挥其应有的功能。于是他们通过以城市视角的建筑提案对公园文化设施和市民之间的分离关系进行重建，以此来复兴作为福冈文化中心区域的须崎公园。

方案主要是以延长街道的形式在公园内布局各种建筑物。有着像街道一样的细长空间的建筑物不仅兼具着文化设施的功能，而且还能让人们在其中感受到不同的文化体验。在各具不同个性的开放空间中，人们可以找到符合他们不同需求的功能。另外，在建筑物内的功能发生变化的地方，学生们利用曲面墙壁的设计来增加人们体验不同文化的机会( 图8~图13)。

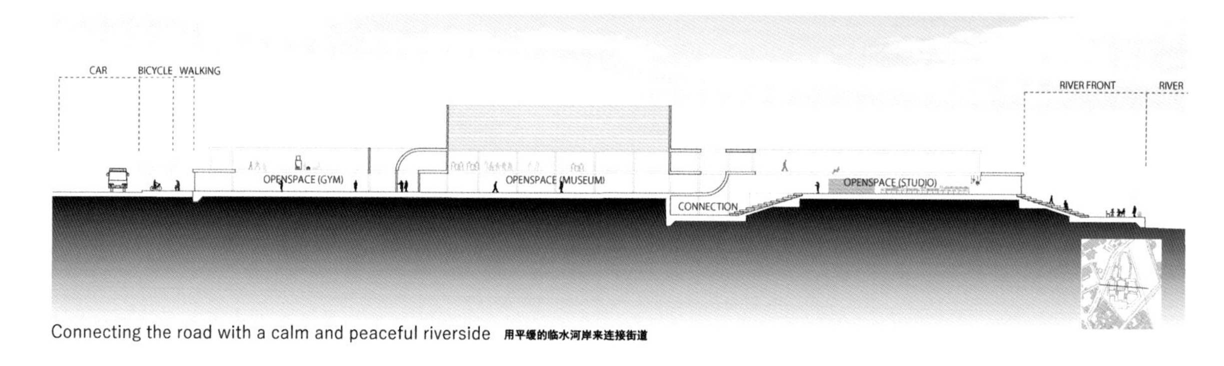


Connecting the road with a calm and peaceful riverside 用平缓的临水河岸来连接街道

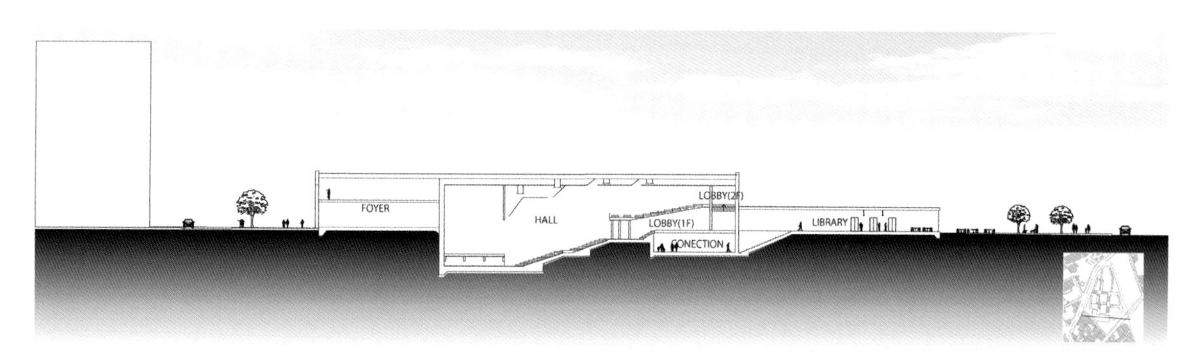


9 Creating soft transitions between the city and the park 在城市与公园之间创造一个弹性的中转地带

Concept

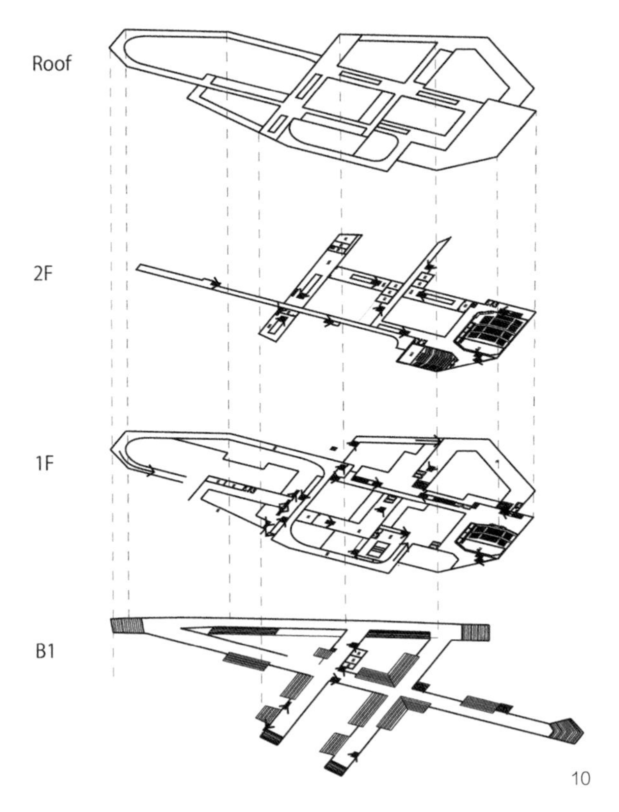


10

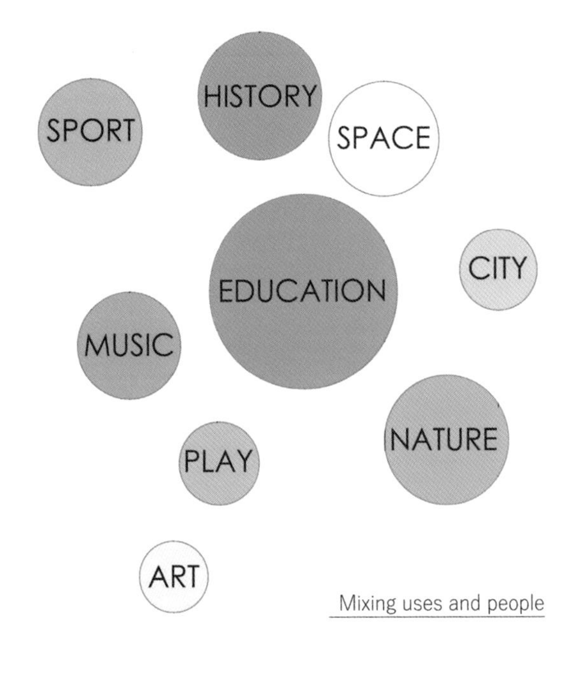


11

图10 方案
图11 分析图
图12 模型照片
图13 手绘效果图

12

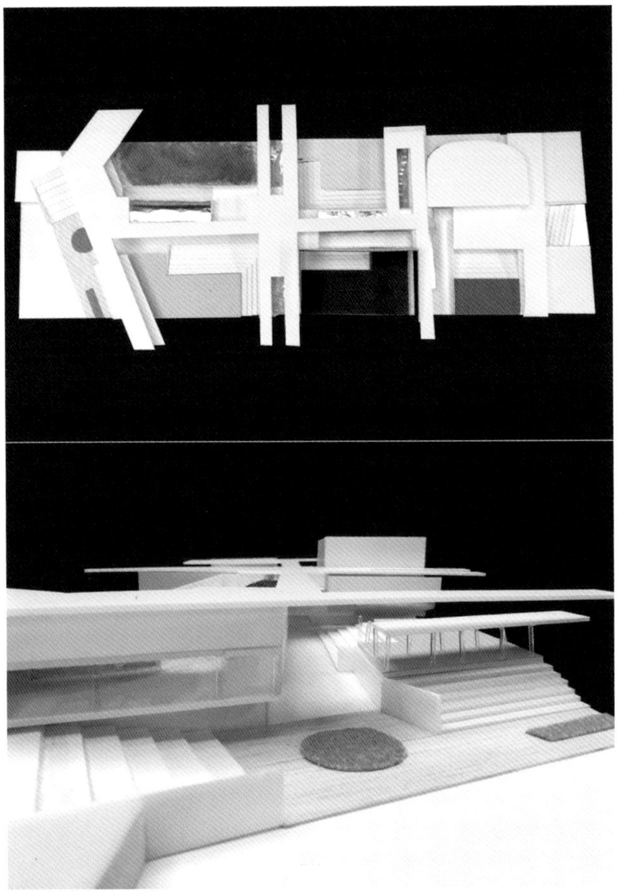

13

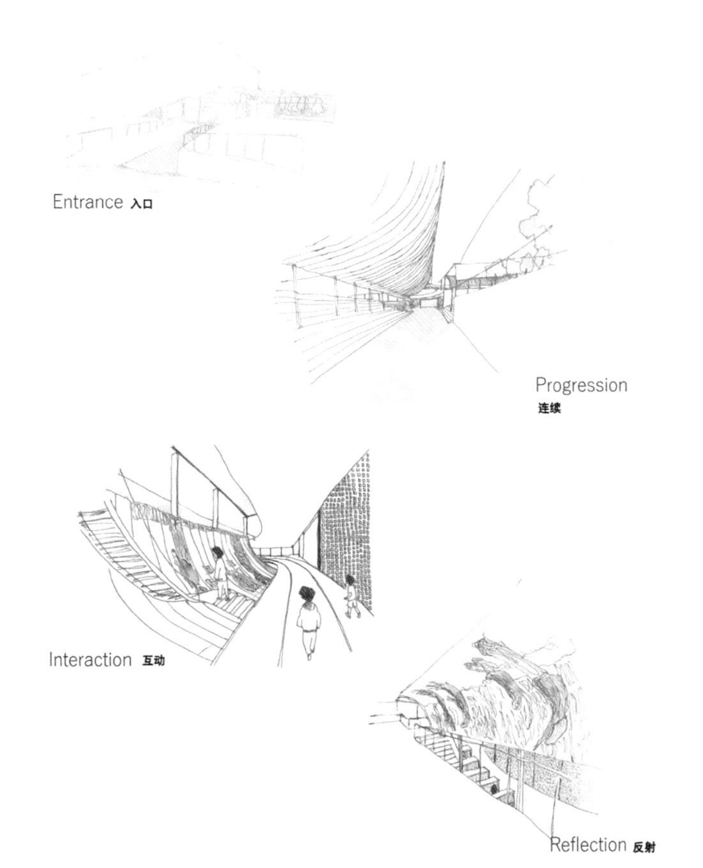

（3）第三小组的设计方案——Park Station

第三组为公园设计了一个新的交通设施，以此在增加城市可达性的同时发挥着作为博多大门的重要作用。这组学生提出的城市公园方案中包括可以举办各种各样活动的大广场，由美术馆改建而来的车站以及有着细长路径的宾馆。当地人和游客可以在这里聚集和进行互动活动（图14~图19）。

图14 鸟瞰图
图15 总平面图
图16 基地分析与方案

14

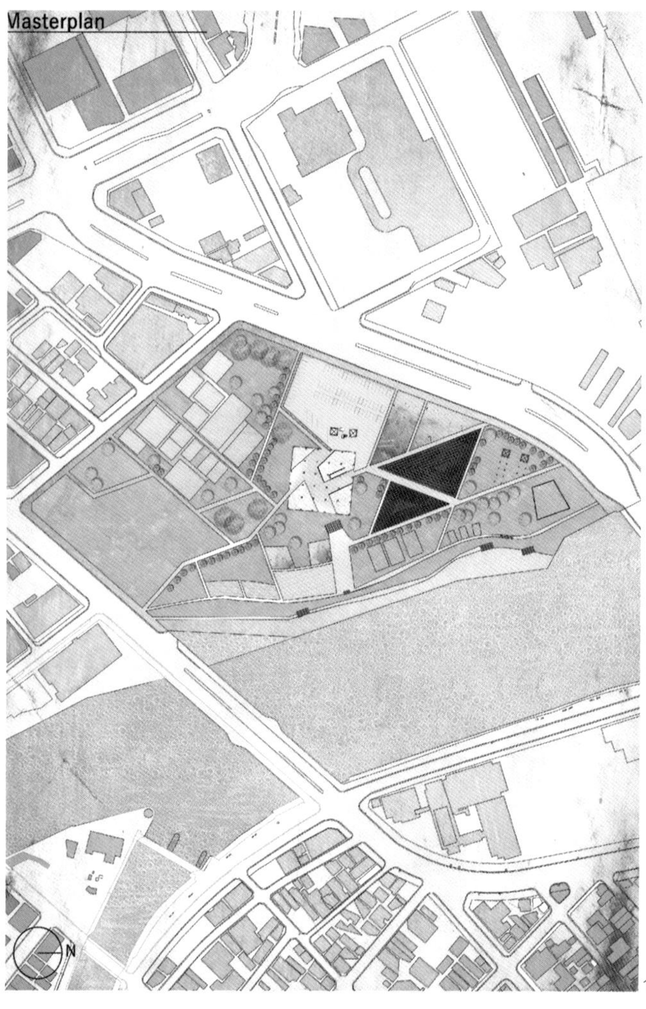


15

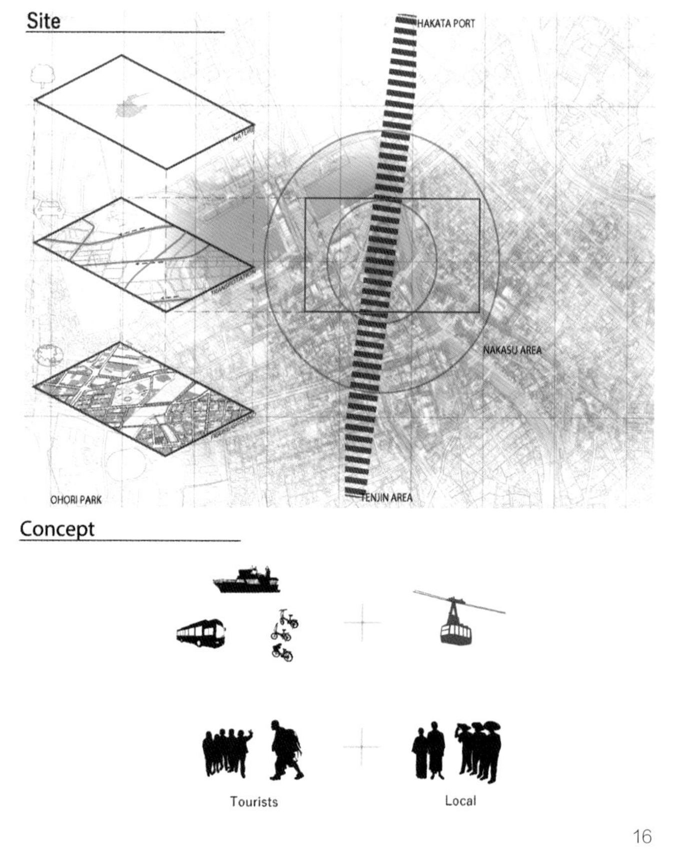


16

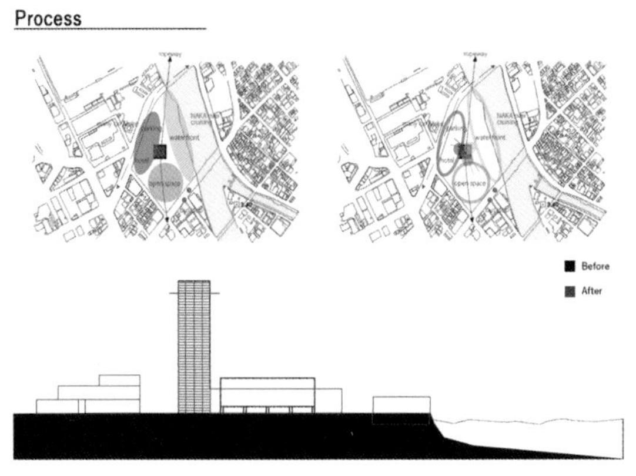


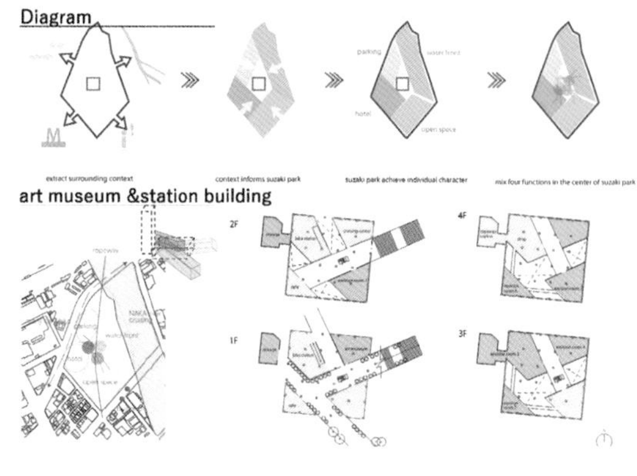

17

图17 分析图与剖面图
图18 效果图1
图19 效果图2

18

Entrance 入口

19

Yamakasa Tower 山笠塔

Plaza 广场

Guesthouse 旅店

## 三、评价总结

1. 指导老师的反馈意见

课程结束以后，四位指导老师分别对学生的方案及课程过程进行了综合性地评价和反馈(表2)。

指导老师的课后评价　　表2

| 指导老师 | 课后评价 |
| --- | --- |
| 指导老师1 | 福冈市现如今正在以须崎公园为典型案例，探讨未来城市型公园的再开发。这个课题就是围绕这一公园的再设计而展开的。须崎公园中不仅有需要考虑其继承和利用的现代建筑，福冈县美术馆(佐藤武夫，1964)和福冈市民厅(村田崇光建筑师协会，1963)，而且还有靠近那珂河水边的石垣遗址。<br>非常高兴能够看到第一组通过一边在近代建筑群中插入新的体量，一边对基地整体进行削整，在河边创造出了一个临水景观。但是如果集合住宅能被设计得更加舒展的话也许会更加有魅力。<br>第二组团队试图通过环形建筑将整个场地连接起来，并为每一个被环形建筑包围的庭院创造独具个性的景观。从这一点来看非常有吸引力。但我认为建筑提案的密度还是不太够。<br>第三组根据福冈市的构想形式，通过改造美术馆，创建一个连接博多站、博多港和须崎公园的车站。但其与公园内公共空间的联系还需要进行详细探讨。<br>无论如何，城市公园的利用、现代建筑、历史遗产的传承等将成为未来一个更重要的社会课题。我希望学生们可以继续思考这个主题 |
| 指导老师2 | 未来公园如何适应福冈市中心？公共空间应该如何应对城市居民的活动？今年的AUDS课程以福冈市中心地区具有代表性公园之一的须崎公园为主题。须崎公园是一个毗邻福冈县立美术馆和福冈市政厅两个文化设施，并位于市中心的宝贵的公共空间。尽管地理位置优越，文化设施完善，但公园目前尚未得到充分利用。<br>在这个课程中，我们没有对建筑物的使用和建筑物的大小设置任何限制条件，以此最大限度地提高建筑方案的设计自由度。然而，最终所有小组都进行了以某种形式保留美术馆的提案。我能够感受到学生们仔细解读城市的记忆，努力继承文脉环境的态度。但是“保留”真的是未来公园的最佳解决方案吗？我希望能够有不一样的代替方案并对其进行验证。另外，我还看到一些小组跳出了原定的基地，在河的另一边和赛艇地区进行更广范围的提案。对于提升从水滨到天神地区的人流的这一城市设计的战略观点，我非常欣赏 |
| 指导老师3 | 须崎公园于1951年作为城市公园(邻里公园)诞生。在1963年经济高速增长期间，福冈市政厅开业，次年福冈县立美术馆于开馆。众所周知，许多音乐家在昭和四十年代，在公园的户外音乐厅进行演出，后来他们都成了著名的艺术家。但之后，由于交通不便等原因，公园利用者的数量逐渐减少。现在，随着当时种植的大量树木的生长，公园的气氛变得更加阴郁。<br>此设计课程的目标是重新设计战后开放的须崎公园。三个小组以园区的现状为基础，分别提出了以“扩张园区”、“赋予文化”、“与周围环境相连”这三个主题进行设计。城市公园和文化设施等设计项目对于学习城市和建筑设计的学生来说可能是一件容易的事。他们在互相分享了对自己国家的城市公园和文化设施看法的同时，提出了对公园的未来愿景 |
| 指导老师4 | Architecture and Urban Design设计课程中，由日本学生以及来自法国、中国、韩国和美国的留学生组成的学生们被混合地分成了三个小组。我认为这对于国际性的教育课程来说是一种有效方式。我们很高兴地能够看到，大部分学生都能很快很好地适应这种团队合作，并能很好地用英语与其他团队成员进行良好的沟通。<br>通过这个设计课程，我们的海外留学生和日本学生有机会重新规划和设计福冈市一个城市公园，并学习了各国不同的设计和研究方法。通过这种国际性的团队合作，我们的学生开始认识到自己的弱点和强项。我认为这可以促使他们产生一定的危机感，并更好地强化自己的优势。在这门课程中，来自不同大学和不同文化背景的指导老师们也可以就教育方法和研究进行深入的交流。这将有利于与建筑教育相关知识共享和提高。所以，我认为这个课程，不仅对学生，而且对指导老师都是一次非常好的国际交流经验 |

2. 反馈意见小结

通过指导老师们的评价，我们可以看出，老师们对于学生通过不同的建筑设计语言重新赋予了公园更明确的性格，以及利用建筑设计解决基地所面临的各种社会问题这几点上是给予了较高评价的。同时也肯定了拥有不同文化背景的学生之间进行城市建筑设计交流的成果。但是，老师们也指出了即使在学生享有充分设计自由的情况下，提出的设计方案仍然偏向保守等一系列问题（图20、图21）。

## 四、总结

近年来人们对城市公园的关注度越来越高，设计需要立足当下展望未来。因此，在本次的国际合作教育建筑设计课程里，我们选择了城市公园作为设计议题。为了能使学生加深对城市问题的理解，让他们以城市公园的再设计为切入点，进行了从城市尺度到建筑尺度的这一横断性的设计。通过这一课程的练习，学生们不仅可以从城市规划师的角度思考城市公园与周边地区的联系，同时也能够扩展作为建筑师的视野。另外，在课程过程中我们可以看到——和拥有不同的文化背景和价值观的人一起共同合作，互相接受彼此的想法和意见进行设计合作并不容易，但是学生们却仍然交出了一份很好的答卷。由此我们可以知道，在这样的国际建筑教育活动中，建筑设计可以成为我们共通的语言。筑·美

范懿　日本九州大学人间环境学研究院，助理教授
吴冬蕾　江南大学设计学院博士在读；南京林业大学艺术设计学院，副教授；日本九州大学，访问学者
Prasanna Divigalpitiya　日本九州大学人间环境学研究院 都市／建筑学部门，副教授

参考文献

「Active Urban Parks これからの都市に相応しい公園のありかたとは—須崎公園を対象として」九州大学大学院人間環境学府空間システム専攻・都市共生デザイン専攻、Architecture and Urban Design Studio 2017,Graduate School of Human Environment Studies, Kyushu University

20

21

图20 授课情形1
图21 授课情形2

# 环境设计专业毕业设计选题及过程质量管控实践研究*

文 / 郑志元

**摘　要：** 环境设计专业本科毕业设计是高等学校培养相关设计人才的关键环节。文章从毕业设计选题及过程质量管控入手，介绍了合肥工业大学建筑与艺术学院环境设计专业近年的教学实践情况，以期通过对毕业设计教学的探索和研究，进一步优化和完善环境设计方向毕业设计教学体系，最终提高毕业设计作品质量和改进人才培养目标，实现本专业整体教学水平的显著提升。

**关键词：** 环境设计专业　毕业设计选题　过程质量管控　教学实践

在艺术学升为学科门类、设计学升级为一级学科的背景下，“环境设计”的专业称谓在我国《学位授予和人才培养学科目录（2011 年）》、《普通高等学校本科专业目录（2012 年）》中得以确立[1]。环境设计是一门强调社会性、实践性及系统性的应用型学科，是通过艺术设计的方式对建筑室内外的空间环境进行整合设计的一门实用艺术。其通过一定的组织围合手段，对空间界面进行艺术处理，使建筑物的室内外空间环境体现出特定的氛围和风格，来满足人们的功能使用及视觉审美上的需要。环境设计专业分为景观设计和室内设计两个专业方向[2]。

环境设计专业本科毕业设计是学生走上工作岗位前的最后一次重要的设计实践，是设计综合能力的最集中体现，同时也是高等学校培养相关设计人才的关键环节。其目的是引导学生综合运用所学的专业理论知识和技能，分析及解决实际问题，最终达到教学训练目标和实际项目技能要求的一致，促进学生就业成才。

## 一、毕业设计选题及过程质量管控模式

毕业设计作为实现培养目标的重要教学环节，直接影响着人才培养质量和学校总体教学水平，其在培养设计师强化社会责任、提高实践能力与凝练综合素质等方面，具有不可替代的作用，是艺术、技术和社会实践相结合的重要体现，是培养设计师创新能力、实践能力和创业精神的重要环节。

近年来，国内对环境设计专业毕业设计教学改革相当重视。不仅有高水平的论文探讨环境设计专业毕业设计中所出现的问题及解决方案，也有高校进行实践方面的探索。如由中央美术学院、广州美术学院、上海大学美术学院联合主办的“三校联合毕业设计营”，是美术院校之间建筑与环境艺术设计教育的首次联合教学，也是一次迥异于固有毕业设计模式的新尝试，为环境设计毕业设计模式的改革积累了经验[3]。在国外，本科生毕业设计的模式相对较成熟，已形成了一定制度。如麻省理工学院实施本科生研究机会计划，明确规定大学生除了课程学习之外，还有科学研究方面的任务。英国大学则实行工读交替制，大学生在学习期间要到与本专业有关的企业部门工作一年或两年[4]。

我国环境设计专业虽然一直在倡导改革，但是在实际具体教学指导过程中，环境设计专业毕业设计最终成果和预期效果还存在一定的差距。究其原因，一方面，毕业设计选题采取直接由导师单方统一命题的方式进行，缺乏灵活性与针对性，无法与学生兴趣点相结合，导致其毕业创作热情降低；另一方面，毕业设计选题、毕业实习和开题报告环节的独立开展，易造成毕业设计创作缺乏连续性和递进性；同时在方案设计阶段，学生之间、教师之间以及师生之间缺乏有效的沟通和互动，导致方案广度和深度缺失；此外，在设计成果阶段，毕业设计表达主要是展板和图册，基本上是专业课程的延续，难以彰显学生个性化、专业化和多元化的设计水平；最后毕业设计答辩阶段，考核缺乏校外同行专家及用人单位意见，无法全面体现环境设计专业学生人才培养质量及学校教学水平。随着时间的推移，以往的教学模式已逐渐不能适应社会对环境设计专业毕业设计人才培养的需求。因此，提升环境设计专业毕业设计质量，对其设计选题及设计过程进行质量管控是一项势在必行的工作。

本文所指的质量管控体系主要由四个部分组成，其分别是选题及开题报告环节质量管控、方案设计环节质量管控、成果展示环节质量管控和毕业答辩环节质量管控（图1）。其主要由以下几个方面进行体现：

**1. 注重毕业设计多元化选题及针对性实习，完善毕业设计开题报告衔接机制**

以往的教学模式中，毕业设计选题常由导师统一命题，易导致选题、实习及开题报告三者之间缺乏联系。多元化选题能让学生根据自身情况灵活选择毕业创作方向，从而有效开展毕业设计工作。毕业选题大致可分为四类，分别为课题研究型、学科竞赛型、工作就业型和学生自主型，结合选题配备相关研究方向，教师以满足不同类型学生在读研深造、出国留学、毕业工作和特长发挥等方面的需求，最终促使其产生毕业设计创作热情，主动开展针对性的实习工作，在此基础上进行毕业设计开题报告撰写，有效打通毕业设计选题、实习及开题报告三者之间的延续性和递进性，为具体设计的开展做下良好铺垫。

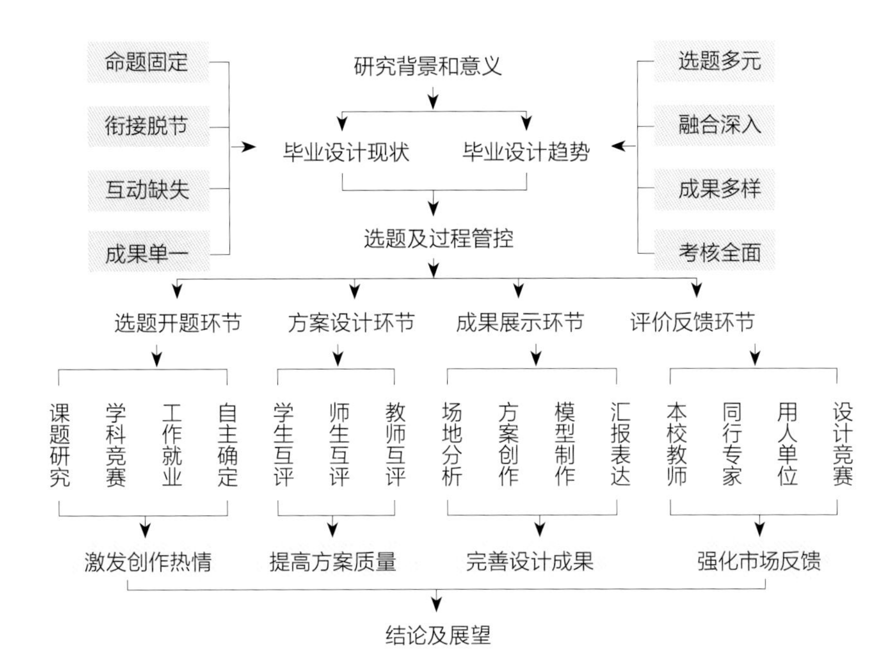


图1 环境设计专业毕业设计选题及过程质量管控体系（来源：作者自绘）

**2. 加强方案创作阶段学生互评、师生互评及教师互评环节，着力学生创新能力塑造及方案品质管控**

在方案创作阶段，注重教师与学生之间的设计思维碰撞。其主要通过三个层次展开，一是学生之间的方案互评，通过学生之间集思广益，各叙己见的形式，激发设计创作灵感和方案可行性；二是老师和学生之间的方案互评，教师通过沟通了解学生在创作中的设计思路，对其设计方案进行凝练和提升，提出专业化针对性修改意见；三是邀请其他指导教师对修改后的方案进行点评，指出其方案优点和缺点，从而进行再次调整。借助学生、师生及教师之间三个维度的点评和后续调整，达到方案设计的广度和深度，从而有效提升设计方案质量。

**3. 明确以场地分析能力、方案创作能力、模型制作能力及汇报表达能力作为成果评价标准，全方位考查学生设计水平和毕业设计完成质量**

毕业设计作为学生在校期间最后一次综合设计实践，其应与社会实际需求相挂钩。不仅要考察其具体方案创作能力，还应考察其表达能力和动手能力。在毕业设计成果评判中，不仅需要学生完成常规的设计方案图册和展板，还需完成方案PPT汇报、模型制作及视频动态演示等相关成果，通过明确方案成果表达载体，对毕业设计学生专业能力进行全方位考察，从而达到毕业设计质量的提高。

**4. 邀请校内教师、校外专家和用人单位作为毕业答辩导师，以各评价主体意见反馈为指导，针对性的提高毕业设计创作品质及教学研究水平**

现行的本科毕业设计质量评价通常由院内教师组成，由其对毕业设计作品进行主观审查，评审要求相对不够严格。而科学的毕业设计评价方法是提升学生毕业设计质量和高校教学水平的一种有效措施，其可以在原有基础上通过以下三种方式进行辅助评价：其一是将毕业设计作品进行校外同行专家评审，由专家撰写作品反馈；其二是将毕业设计作品送与校外用人单位进行评审，由用人单位撰写作品反馈；其三则是通过参加全国专业竞赛的方式来衡量毕业设计整体质量。通过三种不同方式对毕业设计教学成果进行检验并针对其所出现的问题进行动态调整，最终达到提升教学水平和改善设计质量的目的。

## 二、训练目标及要求

**1. 通过多元化的毕业设计选题，激发学生设计创作热情，为毕业设计后续工作奠定基础**

毕业选题的多样性和规范性对激发学生的创作热情和应用本科阶段的基础理论知识与技能，系统、全面地完成毕业设计起着有效驱动作用，对毕业生综合能力的发挥具有前期引导功能，且对毕业设计最终质量完成的优劣程度起着关键性作用。

**2. 通过学生之间、师生之间及教师之间的有效互动沟通，达到毕业设计方案质量的进阶性提升**

学生之间的沟通主要作用体现在设计思想的激发和碰撞方面，通过两者之间的交流和互相消化吸收，产生新的理念和灵感，在设计方案初始阶段能起到较好作用。师生之间的交流主要是指老师通过与学生的沟通，能够清晰了解学生的具体想法，在此基础上，结合教师专业知识，对设计作品提出专业化建议，使作品特征更加鲜明。教师之间的沟通则体现在其他专业教师对即将完成的设计方案的评价，通过点评进一步明确方案的优点和劣势，进而展开新一轮调整，通过三个阶段的有效沟通和调整，对毕业设计方案质量进行管控。

**3. 通过设计成果表达载体的确立，促使毕业生在场地分析、方案创作、模型制作及现场汇报等实践过程中达到各评价节点能力要求**

借助具体设计成果要求，明确学生在毕业设计创作中各阶段任务和所相应达到的能力水平。通过分节点的形式对毕业设计任务进行分解和明确化，使毕业设计训练效果更加明显。同时，在分节点过程中，能够对学生各阶段所存在的问题进行针对性指导，提升其专业技能。

**4. 通过毕业答辩评价主体意见反馈，对毕业设计实施过程进行动态调整，使之符合教学规律和社会发展需求，实现毕业设计质量的稳步提升**

以院内教师评价为主，校外专家、用人单位及竞赛成绩为辅的毕业设计评价体系的构建，能够实时掌握行业发展动态及社会用人需求，能够有效指出环境设计专业毕业设计教学培养过程中所忽视的问题，从而进行针对性的调整，最终达到提升教学水平和改善毕业设计质量的目的。

## 三、具体内容开展

**1. 课题开题环节**

环境设计专业学制四年，分为八个学期，每学期20周。以往毕业设计教学的开展安排在第八学期的4~17周，而1~3周为毕业实习周。在具体实施过程中，常常发生毕业实习在前，毕业设计选题与毕业实习相互脱节的现象，导致毕业设计质量下降。为解决这一问题，现将毕业设计选题安排在第七学期的19~20周，要求每位毕业生结合社会热点和自身兴趣点提前规划毕业选题并进行公开答辩，由指导教师对每位毕业生的选题进行点评和提出具体的修改建议，在几轮探讨后形成最终毕业设计题目。在此基础上，要求毕业生在第八学期1~3周寻找与自己毕业选题相关度较高的相关公司去实习。从而将毕业选题与毕业实习打通，提高毕业设计开题质量，为后续方案设计的开展做好铺垫。

**2. 方案设计环节**

以往的方案设计环节主要安排在第八学期的4~15周，其中第10~11周为中期检查阶段，其余周次无明确说明。现将过去单一的方案设计环节划分为具体的三个阶段，分别为方案主题策划阶段、基地本体分析阶段、设计空间表达阶段，并明确每一阶段所要完成的任务和所需解决的问题。在第6周前完成方案主题策划，在第8周前完成基地本体分析，此阶段主要是学生和学生、学生和毕业导师之间进行沟通交流。在第10周完成第一轮设计空间表达的绘制并进行中期答辩，此阶段由毕业生进行方案阐述，由其他毕业导师进行点评，提出针对性修改意见。此后，在第12周完成第二轮设计空间表达并在第13周基本完成方案主体部分。最后，在14~15周继续深化方案的同时完成PPT和模型的制作。通过方案设计环节三个阶段不同的任务要求，分阶段考查学生毕业设计质量，着重训练其主题策划能力、资料整合能力和系统表达能力。

**3. 成果展示环节**

成果展示环节一般安排在第16周展开，其分为概念逻辑生成部分、图纸规范绘制部分、模型精细制作部分及现场答辩汇报部分。概念生成部分主要关注的是方案主题的合理性及在此主题之下方案的推演过程，注重学生设计思维能力的训练。方案图纸绘制考察的是学生基本功的掌握情况，也是其四年所学知识的集中化表达。模型制作部分是以往毕业设计所缺乏的内容，也是环境设计专业毕业设计新增内容，其强调的是毕业生如何通过一系列的操作，将所绘制的二维图纸借助激光雕刻机生成三维模型，是其设计能力的延续，也是未来工作过程中所必须掌握的技能。现场汇报部分往往是毕业生的弱项，其考察的是毕业生如何清晰而条理化地阐述自己设计思想的沟通交流能力。

**4. 评价反馈环节**

评价反馈环节为新增环节，与成果展示环节一同展开，同样在第16周进行。不同之处在于由以往本校教师担任答辩评委改为邀请校外专家和用人单位一同作为答辩评委，使其参与答辩全过程，考察毕业生的专业学习情况。其通过对毕业作品的观摩、毕业方案的聆听和实际工作情况的要求，针对毕业生所暴露出来的问题进行一一点评。使毕业生及教师及时了解行业详情，并对讲授内容进行调整。对于评价反馈环节不合格的毕业生，将会采取二次答辩，二次答辩的时间在第八学期第19周，单独进行。

通过对环境设计专业毕业设计四个主要环节的过程质量管控，近年来的毕业生在本专业各类竞赛中均取得了较好成绩（表1）。

## 四、训练特点

**1. 毕业设计选题的多样和规范性，以目标驱动方式有效提高毕业生设计热情和毕业作品质量**

针对以往毕业生进行毕业设计创作热情不佳的情况，提出四种毕业选题模式，与毕业生未来发展方向相挂钩，满足各毕业生的实际需求，进而激发其毕业创作热情，最终达到提升毕业设计作品质量和提高学科教学水平的目的。

**2. 加强毕业设计过程管控，通过师生之间有效沟通和成果的分节点量化考核，明确各阶段任务要求，提升整体毕业设计水平**

注重对毕业设计创作过程进行管控，通过师生间不同层次互动，达到毕业设计创作的广度和深度，推动毕业设计教学过程的有序进行。同时，结合阶段化考核指标对毕业设计各节点成果质量进行评判，保障毕业设计教学效果量质齐升的高效开展。同时以分布式成果表达形式，结合环境设计专业毕业设计特点进行考核，提升各阶段成果质量并达到教学目标要求。

**3. 补齐考核评价机制，由本校教师、校外专家、用人单位及行业竞赛组成的毕业评价体系能有效提高教学水平，改进教学质量**

以往的环境设计专业毕业设计答辩常常由校内老师组成，评委结构较为单一，同时也无法较客观地对学生作品进行评价。由本校教师、校外专家及用人单位组成的评委会，能够对毕业设计作品进行不同角度的评判，从而较为全面地体现出设计作品真实水平。同时，校外专家和用人单位的点评，能够使学生和指导教师对于本专业行业趋势和社会用人需求有更深一步认识，从而对后续的毕业设计创作产生积极效果，使之产生更好的毕业设计作品。

## 五、结语

环境设计专业毕业设计选题及过程质量管控实践研究强调以多元化选题为开端，激发学生创作热情，完善毕业设计开题报告机制。借助教师和学生之间的多层次有效互动，引导学生创作设计作品的广度和深度。同时，以场地分析能力、方案创作能力、模型制作能力及现场汇报能力为毕业设计成果分节点控制。通过阶段化指标进行针对性评判，对设计作品进行有效调整和改进，提升整体质量。此外，补齐考核评价机制，邀请校内教师、校外专家和用人单位为答辩导师，以各评价主体意见反馈为指导，针对性地调整后续毕业设计创作模式。通过选题环节质量管控、开题报告环节质量管控、方案创作环节质量管控、成果展示环节质量管控和毕业答辩环节质量管控来提升毕业设计作品质量和改进人才培养目标，最终提高本专业方向整体教学水平。筑·美

郑志元　合肥工业大学建筑与艺术学院，讲师

**近年来作者指导学生参加行业内相关竞赛获奖情况统计表　　表1**

| 序号 | 竞赛获奖情况 | 获奖时间 |
|---|---|---|
| 1 | 2014艾景奖国际园林景观规划设计大赛优秀奖 | 2014年12月 |
| 2 | 2015艾景奖国际园林景观规划设计大赛优秀奖 | 2015年11月 |
| 3 | 2016艾景奖国际园林景观规划设计大赛铜奖 | 2016年11月 |
| 4 | 2017艾景奖国际园林景观规划设计大赛银奖 | 2017年11月 |
| 5 | 2017艾景奖国际园林景观规划设计大赛铜奖 | 2017年11月 |
| 6 | 2017艾景奖国际园林景观规划设计大赛优秀奖 | 2017年11月 |
| 7 | 2018艾景奖国际园林景观规划设计大赛银奖 | 2018年11月 |
| 8 | 2016中国宜兴·西渚镇白塔村文化主题公园设计大赛一等奖 | 2016年10月 |
| 9 | 2017第二届中国景观设计大奖一等奖 | 2017年9月 |
| 10 | 2017第十四届中国手绘艺术设计大赛一等奖 | 2017年8月 |
| 11 | 2017中华传统建筑文化博览会“传统建筑手绘大赛”一等奖 | 2017年10月 |
| 12 | 2017全国高等院校建筑与环境设计专业美术作品大奖赛银奖 | 2017年11月 |
| 13 | 2017“中国营造”全国环境艺术设计双年展专业组银奖 | 2017年10月 |
| 14 | 2016中国宜兴·西渚镇白塔村文化主题公园设计大赛三等奖 | 2016年10月 |
| 15 | 2016奥雅设计之星国际高校旅游小镇度假区设计大赛三等奖 | 2016年12月 |
| 16 | 2016奥雅设计之星国际高校旅游小镇度假区设计团体优胜奖 | 2016年12月 |
| 17 | 2016第十四届亚洲设计学年奖文化空间组优秀奖 | 2016年11月 |
| 18 | 2018LA先锋奖——全国高校景观设计学生作品展景观规划奖 | 2018年10月 |
| 19 | 2018第七届全国大中学生海洋文化创意设计大赛优秀奖 | 2018年9月 |
| 20 | 2018第七届全国大中学生海洋文化创意设计大赛入围奖 | 2018年9月 |
| 21 | 2018中国人居环境设计学年奖竞赛铜奖 | 2018年12月 |
| 22 | 2017中国人居环境设计学年奖竞赛优秀奖 | 2017年11月 |
| 23 | 2018安徽省高等院校五校线上毕业联展金奖 | 2018年11月 |

注：本论文受安徽省教育厅高等学校省级质量工程项目（项目编号：2017jyxm0038）及合肥工业大学青年教师教学研究项目“基于渐进式训练模式的设计类专业手绘表达与综合能力提升研究”资助。

参考文献

[1] 陈东生. 论艺术工学特色服装专业的人才培养[J]. 闽江学院学报，2013，3.

[2] 曾辽华. 应用型本科环境设计专业教学改革探讨[J]. 美术文献，2017，4.

[3] 吕品晶 傅祎. 互动与融合——美术院校毕业设计联合教学初探[C]. 2009全国建筑教育学术研讨会，2009，10.

[4] 王鹤. 我国本科生导师制模式研究[J]. 科技创新导报，2011(35).

# 国际化办学形势下的艺术史论课程教学方法探索

文 / 胡炜

**摘　要：**随着中国高等院校近年来国际化教学的不断发展，来华的国际学生数量不断增长。这对建筑院校的美术教学提出了适应国际化教学的新要求。艺术史论课是建筑院校美术教学中的重要组成部分。本文针对的艺术史论课在国际化教学中遇到的问题，提出解决问题的教学模块设计和教学方法尝试。

**关键词：**国际化教学　艺术史　教学方法

## 一、相关背景

国际化办学是同济大学建筑与城市规划学院近年来发展的重中之重。目前，学院已与德国、法国、美国、意大利、澳大利亚、西班牙、日本、新加坡等国家近70多所国际知名大学的相关学院建立了多层次的、长期的合作与交流关系，并形成了丰富立体的合作交流构架，在双学位、联合课程设计、教师进修、暑期班、客座教师、教师定期互访、交换学生等方面形成了全面的合作网络，为人员交流、教学合作、科研合作奠定了良好的基础。

同济大学建筑与城市规划学院为各类国际学生开设的艺术史论类课程主要有《艺术史》、《中国文化与造型》和《中西艺术比较》。其中，全英语课《艺术史》是“同济一新南威尔士本科双学位项目”的专业必修课程，全英语课《中国文化与造型》是一门针对建筑与城市规划学院各专业硕士研究生和该学院的国际交流硕士研究生开设的专业选修课程。双语课《中西艺术比较》则是一门面向包括留学生在内的全校艺术选修通识课。

艺术史论课程的开设为学生们提供一个更宽阔的文化视野。让学生们理解艺术作为一种表现语言，反映不同民族和地域的文化，更是时代特征的反映。课程要求学生理解文化与艺术之间的因果关系。因为每一件艺术品诞生的背后是文化使然，包括地理环境、生活习俗、宗教信仰，以及受外来文化的影响。从背后的社会文化分析入手,去理解各种艺术现象形成的必然。还要求学生具有动态的文化视野，能看到艺术的迁徙和与外来文化的互动。既要熟悉中国传统的艺术文化内容，又要认识到“中国的”也是世界文化艺术中的一环，而非孤立独行于世界之外。同时，对于来华学习的国际学生来说，艺术史论课程提供了较全面了解中国艺术文化的绝好机会。

图1 从社会文化和审美的变迁，论述从二里头文化至东周时期的青铜礼器造型、纹饰和工艺的变化

## 二、艺术史论课国际化教学方法探索

### 1. 艺术史论课国际化教学中的常见问题

在艺术史论课国际化的教学中，最为常见的问题有以下四个。第一，大部分国际学生对中国历史和传统文化不熟悉。由于，本科双学位国际班学生和硕士研究生短期交流生在获得入学资格时，并不需要通过中国历史、中国地理之类的相关常识考试，也没有相应汉语水平考试等级的要求。所以，大部分国际学生对中国历史和文化几乎一无所知。而艺术史论课的叙事恰恰建立在社会文化的历史发展上。第二，课程学时数与教学内容量的矛盾。例如，课程《艺术史》的教学内容包括中国艺术史和西方艺术史两大部分。课程的教学时长一个学期（17周），每周2课时。同时，2018年开始实施的本科生培养计划课程教学时数缩减政策，使得教学时长不可能增加。这就对艺术史论课的教学内容设计提出了挑战。第三，艺术史论课上，学生的课堂活跃度和对教学主题的参与度。由于艺术史论课的课程内容特点，教师通常以讲座的形式来叙述教学内容。这样较容易造成学生在课堂上活跃度和对教学主题的参与度不足，影响教学效果。第四，在课堂上的外语的应变能力。英语作为国际化教学主要语言，不仅体现在教学用语符合学术规范，更需要体现在课堂上的应变能力。

### 2. 艺术史论课国际化教学的方法

针对前面提及的教学中常见问题，我

图2 课程《中国文化与造型》的教学内容示意图。在时间线的基础上，不同颜色显示不同教学模块的主题内容。绿色为服务于信仰和政治的中国早期艺术；蓝色为用于营造死后世界的艺术；紫色为文化大融合主题；红色为14~16世纪中国文人艺术与意大利文艺复兴时期艺术的对比；黄色为17~19世纪中国与欧洲之间的艺术互动；橙色为博物馆现场教学

Course Content 教学内容

2

- Introduction of the Course. 课程介绍
- Origin of Art Tradition in China: Appearance of Ritual Utensils. 中国艺术的源头：礼器出现
- From Shamanism to Historiography: Ancient Ritual Bronzes in Three Dynasties.由巫而史：夏商周青铜礼器
- Secular Authority：Chinese Art during 8th Century BCE-3rd Century BCE. 世俗的权力：春秋战国时期艺术
- Constructing the World of Afterlife (1): Copying the Real World. 死后世界的营造(1)现实世界的复制
- Constructing the World of Afterlife (2): Searching for Immortality.死后世界的营造(2)追求永恒
- Great Culture-transferring (1): Buddhist art in China. 文化大融合(1)佛教艺术
- Great Culture-transferring (2): Integration of Hellenistic Style and Native Chinese Style文化大融合(2)希腊化艺术与本土艺术的融合
- Great Culture-transferring (3): Tri-colored Glazed Pottery.文化大融合(3)三彩陶器
- The Great Influence of New Confucianism on Arts: Chinese Court-painting during10th-13th century. 两宋新儒学对院体绘画的影响
- Comparative study on Chinese and European painting during 14th-16th century (1). Zhao Mengfu and the Revelation of Literati-painting. 中欧艺术对比(1)：赵孟頫和文人画的复兴。
- Comparative study on Chinese and European painting during 14th-16th century (2). Giotto and the Rise of Secular Painting.中欧艺术对比(2)：乔托与世俗艺术的崛起
- Comparative study on Chinese and European painting during 14th-16th century (3). Surpassing the Skills of Art. 中欧艺术对比(3)：超越技术的艺术
- The Meeting of Eastern and Western Art (1): Interaction between European Art and Chinese Art during 17th and 18th Century. 东西艺术的碰撞(1) 17、18世纪中欧艺术的互动。
- The Meeting of Eastern and Western Art (2): *Chinoiserie* and *Japonism*. . 东西艺术的碰撞(2)：“中国风”与“日本主义”。
- Site teaching at Shanghai Museum. 博物馆现场教学

对艺术史论课国际化教学的方法提出相应的对策。

首先，针对“大部分国际学生对中国历史和传统文化不熟悉”的情况，艺术史论课的叙事要尽量按时间发展顺序，展开对教学内容的叙述。避免时间上的跳跃和艺术风格演变的脱节带给国际学生进一步理解上的困难。其次，紧紧结合社会文化背景，叙述艺术的变化和发展。如果简单地灌输某一时代艺术品的门类、工艺和艺术特征，并不能让学生真正理解形成艺术特征的原因。把文化与艺术之间的因果关系作为帮助学生理解的主要逻辑线索。例如，在讲“夏商周三代艺术”这一章节内容时，通过结合夏商周社会文化特征的变迁来讨论同时期青铜礼器的纹饰、工艺和铭文的变化。夏代的青铜礼器器壁极薄，纹饰少，以及器类器型特征都可以看出其与龙山文化陶质礼器的渊源关系；来自东部集团和注重神鬼巫文化的商代文化特征是解释青铜礼器上兽面纹和其他神话动物纹饰的法门；西周礼乐制度的建立和发展是直接导致严格的礼器等级化，纹饰的庄重典雅化和歌颂家族功绩的长篇铭文出现的原因；东周时期，各地诸侯极尽财力和技术用于无比精美的青铜礼器制作，以及祭祖用青铜礼器向享乐用日用器转变，所反映出的是当时社会文化中等级礼制的崩塌和各地方诸侯张扬个人世俗权力的特征（图1）。通过将艺术现象与社会文化特征相结合的讲课方式，让学生牢牢树立起艺术与文化互为表里的概念。

采用主题化的设计有助于进一步凝练教学内容。由于课程内容的课时安排很有限，而教学内容在时空上的跨度很大，这样就产生了教学时长与庞大教学内容之间的矛盾。在教学内容设计上，如果艺术史论课可以寻找到一些重要的主题，就可以将许多原本孤立的教学内容进行整合和贯通（图2）。例如，西汉的金缕玉衣，东汉的石阙、碑刻、神道石雕、画像石和画像砖，这些看似分别属于不同艺术门类，但可以整合在“营造死后世界”、“材料的象征意义”这样的讲课主题下，找到它们之间的共同点。石材并非中国本土常用的材质。对石材的认识不仅反映了外来文化的影响，而且体现了当时对石材具有特殊象征意义的认识以及在墓葬文化中举足轻重的作用，同时还点明了当时墓葬文化的时代特征。木材与陶土是中国本土主要的传统建筑材料。相对于木材和陶土的易损，短暂的含义，石与玉则获得了不朽和永恒的象征含义。这一专题同时还可以把玉这一材料在新石器时期晚期、商代、西周等不同历史时期的含义一起加以论述，极为灵活方便。

在艺术史论教学中，将西方艺术和中国艺术进行对比教学，可以加深印象、促进理解。如果要准确地把握某个艺术特征，最有效、最生动的方法无疑是通过对比得以实现。在我的教学实践中，主要的对比教学设计有“欧洲文艺复兴绘画与同时期中国绘画的平行对比”。从14世纪至16世纪，中国文人艺术与欧洲文艺复兴艺术的发展对中国与欧洲艺术的影响是空前的。欧洲艺术家将解剖、光影、透视等科学知识引入艺术，通过写生和对古希腊艺术样本的学习，摆脱中世纪呆滞的基督教艺术样式，创造出写实逼真的古典绘画高峰。

图3 以衣褶为线索，指出古希腊雕塑、犍陀罗佛像、马图拉佛像、北魏云冈佛像和东魏汉化佛像之间文化的融合和艺术表现手法的演变

图4 学生在课上须选择教学主题中的一个案例，进行10分钟演讲报告。
图5 在博物馆现场教学是该课程的固定教学安排。

但几乎在同时，中国的艺术也在经历一场轰轰烈烈的变革。中国文人艺术家则如火如荼地以内在独立精神的高扬作为艺术追求，变逼真细腻的职业院体画法为抒发情感的简率表现性画法。这一平行对比通过一系列小主题展开。例如，乔托（Giotto）和赵孟頫专题、画面空间营造主题、明暗主题、画家身份和评价标准主题。

在有条件的情况下，邀请艺术史专家参与模块化教学。从2012年开始，通过学校模块化专家项目和上海市教委的外国高级专家项目，邀请欧洲一流高校的文艺复兴艺术史专家直接参与到这一平行对比教学(图3)。通过对比，不仅将中国艺术的特征鲜明地展示出来，同时还启发学生思考是怎样的社会和思想原因导致了中欧同为人性的张扬艺术运动，却有着如此巨大的面貌差异。对于国际真正把握住中国文人艺术的特征，理解中国社会的文化特点。

同时，注重介绍中西艺术的交流融合。“文化的迁徙”（“Culture Transfer”）是当下世界艺术史研究中的热门话题，人们的目光正从地域性文化逐渐移向对全球文化联系的研究。中国文化和艺术长久以来与世界其他文化有着密切的联系。这对于国际学生明白某些艺术现象的来龙去脉，理解中国艺术与西方艺术在历史上的互动，是很有帮助的。在艺术史论教学内容中，设计了许多相关知识的论述。例如，在“中西艺术的大融合”主题下，介绍古代印度和中亚地区的希腊化雕塑和绘画如何影响中国本土的佛教雕塑和绘画，同时本土的雕塑和绘画如何改造外来样式和技法，使之本土化(图4)。还有，波斯和中亚地区的金银器对唐宋陶瓷发展的影响。在“东西方艺术的碰撞”主题下，介绍景德镇青花瓷的伊斯兰文化影响、本土化青花瓷发展和18世纪中国艺术样式对欧洲的影响等。这让学生理解文化并非一成不变，而是随着时代变迁具有一定的流动特征。

为提高学生在课堂上的活跃度和对教学主题的参与度，我采用讲课并结合研讨课的教学形式。每一位学生或每一组学生（选课人数较多时）须选择每一次讲课主题中的一个案例，进行课前背景阅读和课件制作。然后，在课上结合课件演示，完成10分钟的独立报告演讲(图5)。在接受完同学和教师提问后，才开始主讲教师的总结和正式讲课。案例汇报的前期准备、课堂演讲和回答提问的过程，可以极大地促进学生们的主动学习和对课堂教学内容的参与度。课程的考核报告往往和学生们所选择准备的案例和专题挂钩，所以，学生们会在案例汇报上表现出很高的学习热情。

博物馆现场教学也是增强学生的课堂活跃度和对教学主题参与度的有效方法。同时，作为课堂教学的有效延伸，博物馆现场教学是国际上高校艺术理论教学的主流做法。在课堂教学中，虽然多媒体数字课件非常方便有效，但有几个问题引起了我的注意。首先，课件中照片图像作为二手资料会受到印刷质量、拍摄角度、色彩还原等一系列技术的局限，损耗掉原作的许多重要信息。其次，即便在照片图像边标注了作品的尺寸，依然无法让学生们体会实际作品尺寸带来的视觉感受。再次，图像各种局部和不同的拍摄角度使学生对原作的认识趋于碎片化。原作原来的观赏展示方式在图片中无法得到直观感受，同时会极大地改变原作应有的创作思想。课堂教学虽然可以十分高效地让学生们掌握艺术发展脉络，但是要让学生们获得最真实的、最丰富的艺术视觉感受，就有必要增加在博物馆现场和原作面前教学的环节。通过在课程中增加博物馆现场教学环节，既提高学生学习活跃度，也是课堂教学有效的补充，基本解决教学中遇到的二手图像资料问题，还可以鼓励和锻炼学生在艺术品前直接讲解的能力。

经过多年教学实践，认识到教师在课堂上的外语应变能力极为重要。特别是国际学生相较于中国学生，在课堂上表现得更为积极活跃。时常会中途提问，打断主讲教师的讲课。对于此，教师需要磨炼英语的灵活应变能力，适应这种国际化教学的形式。尤其不能被打乱教学节奏，同时，也要维护课堂上互动交流的良好氛围。

## 三、结语

经过多年的艺术史论课的国际化教学，我从自己的教学特点出发，提出了这些应对问题的教学方法。然而，艺术史论课国际化教学始终是一个动态的教学过程。新的国际学生会带来新的课堂文化特点，作为主讲教师需要不断地思考、不断地尝试更有效的教学方法。最好的教学方法是以教师不断磨炼自己的业务素养作为基础。所以，以课程的教学作为重要平台，开展专题学术讲座或论坛。不仅要邀请国内外的艺术史学者，艺术评论家以及文博专家参与相关讲座，同时还要走出去，积极参与国内外的艺术史主题会议或论坛。只有这样请进来，走出去，才能紧跟最新的艺术史研究的动向和热点，了解最新的研究成果，为教学提供新的叙事思路和新的观察视角。筑·美

胡炜　同济大学建筑城市规划学院，副教授

# 表现性素描——艺术造型素描课程：手的写生与表现

文 / 于幸泽

**摘　要：**表现性素描课程是学生个性化艺术思维活动和绘画行动的课程。表现性素描重点是个体对客观物象的艺术思维表达，其目的是挖掘学生的个体情感，培养他们的创新精神和艺术创意思维能力，从而提升学生对当代艺术的审美判断能力。

表现性素描理念来源于创造性原理和思维的应用实践，课程更加注重学生内在的个性情感体验与个性化差异表达。本文以课程实例讲解表现性素描写生的要点以及创造性思维实践的方法和要点。教学过程中运用当代艺术观念和创意思维去培养学生的造型艺术能力，帮助学生强化他们独特的思考角度和艺术表达个性。

**关键词：**表现性　创造性　素描　写生　思维

## 一、表现性素描写生

素描表现从写生开始，是为了让学生认知和感受自然赋予我们美好的视觉形态，加深我们对自然物象的理解。“写生”就是面对自然物象，亲身感受与体悟自然物象的本质特征，让自然物象的特质与灵性生成画面的艺术实践活动。“写生”不仅仅是对客观事物的记录与描画，也是对“自然”的再次创作。写生是专注于自然物象，对其的“生气”和“情景”受到感染后的艺术行为，也是面对真实物体、真实景观、真实人物而进行的作画方式。写生有两个目的，第一个目的，就是锻炼作画者的观察能力和造型能力，贴近现实生活，掌握描绘对象的形态规律，为专业艺术创作搜集素材，积累视觉表述和传达视觉经验，提高表达自然物象的技法同时陶冶审美情趣。第二个目的，把自然的物理现象通过艺术写生实践转化为艺术形态，是自然景象的整理并提炼到艺术境象的过程，是对自然的“神态”提炼与再加工，也是实践者情感的体现。“外师造化，中得心源”，[1] 世上的一切物象皆有意象。写生不是自然物象形态的平面转移，仅追求自然形象和色彩，那只是自然的模仿者，无法真正地传达“景”与“物”的本质在画面上的重构与呈现。西方画家写生侧重于外在景物形态的表现，与主观意念并置成为写生最终的面貌。在中国绘画的语境中，偏重于对自然精神的体悟，是由内外对事物的专注与对话，从而引发写生作画者的情感流露。“苟似可也，图真不可及也”，[2] 写其“形”，目的是生其“神”。写生就要求我们用“写”的手法，将观察和认识到自然物象的形态与色彩的艺术转化。由此可见，对不同阶段的写生和不同内容的写生要求也有所不同，写生是必不可少的学艺方式。在建筑造型基础教学中的素描写生实践是造型课程中的重要组成部分。

表现性素描写生是锻炼学生对自然形态各种认识的体验过程，同时也获得了艺术语言探索的机会，而所有的认识和体验都是通过观察而获得，观察使他们磨炼了自己的眼睛，从比例关系的准确判断到形态生成的各种展现，都是观察以后而获得的视觉感受，因此写生训练所产生的兴趣，都是对自然物象的某种形态的迷恋，观察和比较可以改变写生行为的初衷愿望和表达目标。用心去观察和体悟，会更加深入地了解自然形态，获得自然给予的更多启示，在动情之处就是个人灵感激发的开始。自然形态赋予了我们所能构想的一切，体积、形状、特质和色彩，使我们感知到自然，产生了丰富的情感，素描写生也正是这样的情感和体验的视觉表述。

## 二、创造性思维实践

表现性素描的教学理念来源于创造原理，而创造原理的核心方法就是将不同的事物进行单体组合、排列和分析，或者将多数人的单体成果总和，产生或者形成的新事物和新结论。创造的方法有很多种，下面总结和分析几种常见的创造方法。重新叠加法：把相同类别和属性的“事”与“物”分解后重新划分，将原有的排列次序交换组合，而不是笼统地叠加，然后把关系密切的问题进行归纳研究。嫁接移用法：把现有的事物或者概念嫁接（移植）到另一个等待研究的内容和概念中，使原本正分析和研究的事物转变乃至升级。增加递进法：对现存的

① “外师造化，中得心源”出自《历代名画记》，是唐代画家张璪的关于画学的传世名言。“造化”，是指自然，“心源”是指创作者内心。“外师造化，中得心源”是指艺术创作来源于自然，但自然无法成为艺术，要经过艺术家的主观构思。

② 出自荆浩《笔法记》。荆浩（约公元850年－）字浩然，河南济源人。中国五代后梁著名的山水画家，长于文章，专于山水，博通经史，创造了水晕墨章的水墨画法，是中国山水画中最具影响力的画家之一。

现象和物象进行系统分析，发现存在未被研发或者利用的环节和局部，对这些问题做针对性的研究，从而创造出新理论和新产品。逆向分析法：把理论关系或现象关系本身的属性秩序反向排列，例如：前后关系、上下关系等和大小关系、软硬关系等，从而形成新的概念和事物。变换属性法：通过更改现存事物本身的一个或者若干个属性，例如：结构、质地、颜色、气味、硬度或者形成时间、生长速度等而导致新产品的产生。集中组合法：将个体的结论或者产品进行综合分析整理，组合和形成新的概念或产品。以上是创造的众多方法中几种常见的研究方法。

创造原理直接作用于人的创造性思维，创造性思维是人认识事物的特殊过程。在这个过程中，除具有普通思维的特征外，突破已知的定式结论或已有的认知水平，运用新的理论去创建新的观点而进行多层面的辩证思考，打破传统思想的界定，不受专业领域学术权威的影响，具有空前独创性的特征。在思考方式和思维定势上对常见现象或者权威理论持有怀疑批判态度，具有创造性思维特征的人常常表现出求新立异和妙想天开，在生活中微小的异常表现出强烈的敏感，因此有人把创造性思维称之为“求异思维”，但是建立在科学实事求是的基础之上的思考方式才能称之为求异思维。创造性思维的形成具有突发性和跳跃性的特点，不是连续不断地产生创造性思维，更多地表现为灵感的顿悟。出现灵感性思考结论不是偶然的，是在长期的“量”的研究基础之上实现“质”的思考飞跃，是结合幻想能力和构思逻辑能力而后迸发出的思考结论。创造性思维另一个重要的特征就是综合性：表现为吸收前人知识精髓和智慧精华，养成统筹他人的思想和相关已知结论，运用辩证的方法对已有的资料进行综合分析，最后总结出新事物和新结论的规律。创新思维就是人类处理问题采用了从问题形成的初始阶段解决问题的思维现象，形成独特且新颖的思考方法，具有非逻辑性和开放性且敢于突破传统和权威的思维定势，从封闭的思想中解放出来，处理矛盾或者表达对矛盾意见的思维过程。创新思维要破除惯性思考，其过程是顿悟阶段获得解决问题的答案，然后对答案结果进行反复地推理和验证，再对创新结果进行改良。创新思维训练不能规避问题而要展开问题，力求寻找解决问题的多方面答案，对偶然和意外的发现要具有探索精神。形成创新思维要素的重点是：在研究问题的初始就要具有丰富的想象力，在头脑中塑造出未曾见过的事物形象和问题结构；其次是联想意识，即受到已感知的事物和现象的刺激从而联想到其他相关联的事物和现象而达到的思维创新。要做到思维创新，在思想上，就要使想象和联想的纬度（横向、纵向和反向）处于不同于常人的思维模式中，从既定的概念和理论中产生多种信息与结论，这种结果必须是具象的形态，要做立体思维方式的筛选和多个结果比较，极力追求在已有的多种结论中选择最佳的解决方案。

## 三、表现性素描——手

### 1. 课程简介

素描分为再现性素描和表现性素描。再现性素描是对客观物象的呈现，是传统造型艺术形式，训练如何准确地塑造物象的体积、形象，如何客观呈现物象的比例关系、明暗关系、体积与空间感等。再现性素描需要正确表述物象“客观性”，训练通过观察和分析客观物体，结合基本的素描要素，运用基本的素描表达技法再现客观物象的过程。它是素描表现的前置阶段，也是建筑造型基础课程中进行素描表现不可逾越的基本训练阶段。而表现性素描是对更注重作画者内在的个性化艺术思维，表现性素描是强化客观物象的空间关系、结构关系、外形特征等客观表象元素，注重画者的个体主观感受，个性化的创意思维和创意手法，包括使用夸张、缩减、强化、提炼、分类、重组等技巧再结合个性化的视觉角度从而形成自己的素描表达形式。表现性素描弱化了物象外在相似性的描写，是画者在观察（眼）物象后，扩展创意思维（脑）的进行分析，使用已知的技巧经验（手）来进行表现，是画者眼、脑、手三者共同结合的产物，在这三者关系中更偏重作画者“脑”的作用，在这样的作画过程中主张画者与被描写物象的内在关系，强调的是个体意识，最后呈现的是个体艺术的经验与表达。

### 2. 课程要求

表达对象：自己的双手

使用材料：八张二开素描纸，铅笔/炭笔/其他单色笔均可

时间要求：12课时+课后（每课时60分钟）

此课程分为六个步骤，从观察速写到深入塑造，从深化构建到对新元素的提取，从切换提炼到最终的综合感受表现循序渐进来完成，使学生对表现性素描有全方位的体验和认识。

（1）课程第一步

阶段要点：学生以自己的双手为写生对象，运用素描工具不拘于细节且快速捕捉手的基本结构和手的瞬间变化万千的形态。通过观察，抓住手的特征，进行特征记录和形态速写。

图1 秦天悦 第一阶段作业
图2 于昊川 第一阶段作业

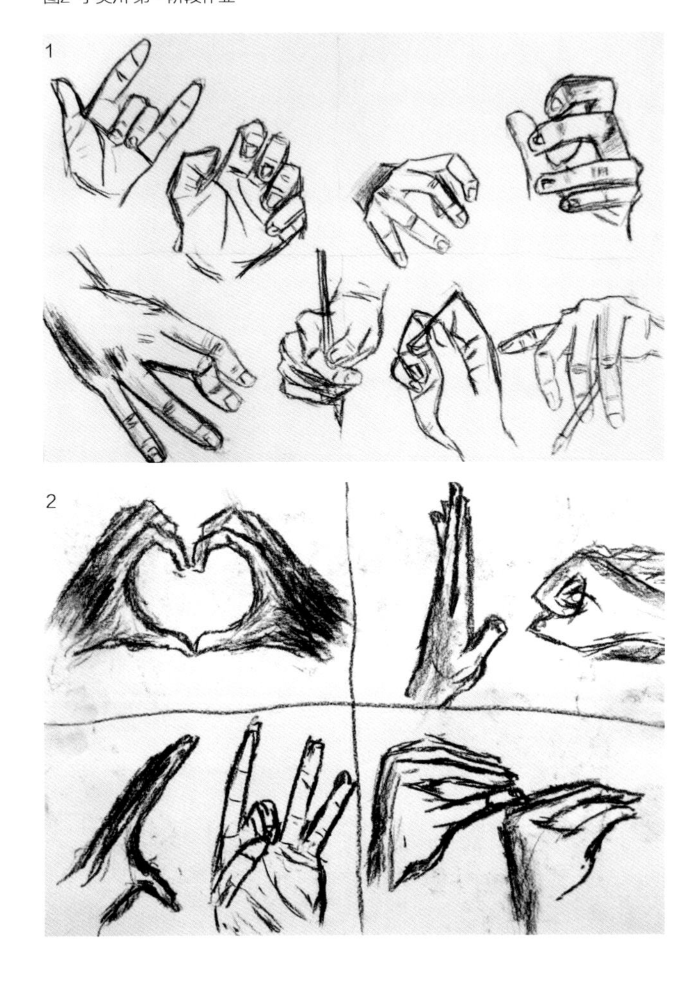

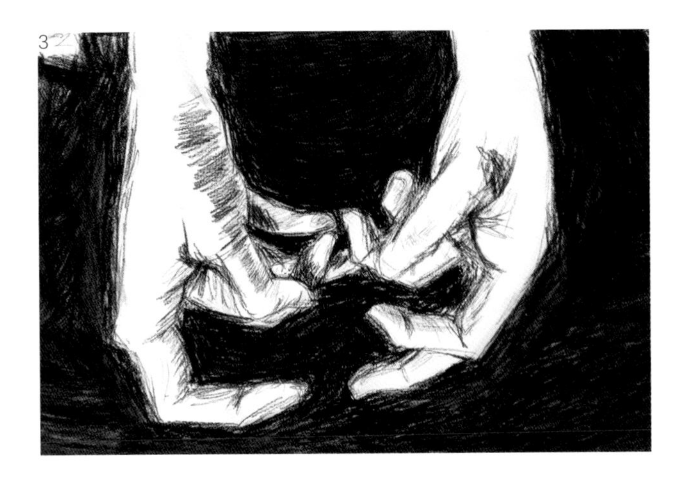

图3 李若旎 第二阶段作业
图4 王宁 第二阶段作业

（2）课程第二步

阶段要点：这个阶段要求学生对自己双手真实再现，并且将描绘的物象（手）充满整个纸张（二开纸），让学生深入观察，以手的“体积感”为切入点，运用素描的黑白要素进行塑造，进一步深入对手的刻画。

（3）课程第三步

阶段要点：此阶段抛开手的外在形象，独自选择手的局部做体块化处理，深入刻画所描绘的“手”的体积，重点强化重新构建的体积在画面中的最后效果。

图5 刘璐茜 第三阶段作业
图6 方姜鸿 第三阶段作业
图7 刘宜家 第三阶段作业

（4）课程第四步

阶段要点：让学生再次回到手的本身特征，让他们画出六小张关于手的新形态，重新寻找表达手的体积感的形象元素。

（5）课程第五步

阶段要点：在这个阶段要求学生选择上个阶段六张里的两张作品进行放大，切换角度再次认识手的形态，重新塑造以手的体积为切入点的新画面。

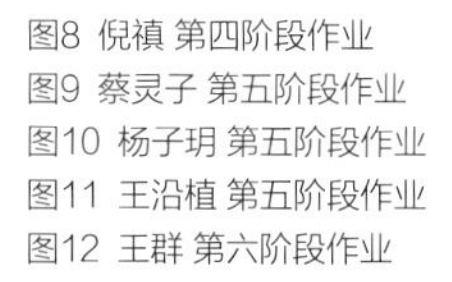

图8 倪禛 第四阶段作业
图9 蔡灵子 第五阶段作业
图10 杨子玥 第五阶段作业
图11 王沿植 第五阶段作业
图12 王群 第六阶段作业

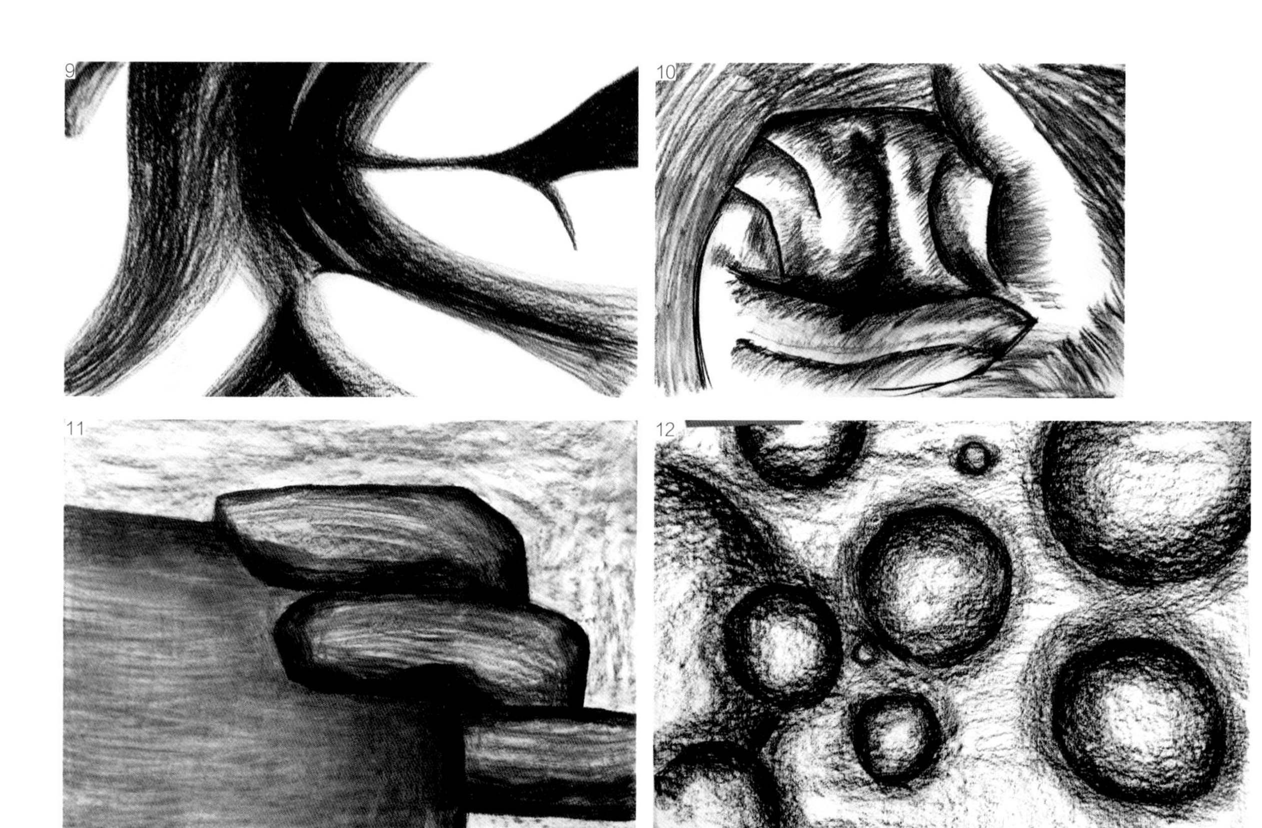

（6）课程第六步

阶段要点：最后阶段让学生回想贯穿整个从写生到体积的抽离，从手的局部形态再到整体感受，塑造一张完全脱离的手被描绘的这一载体，表现自己对手的基本感受。

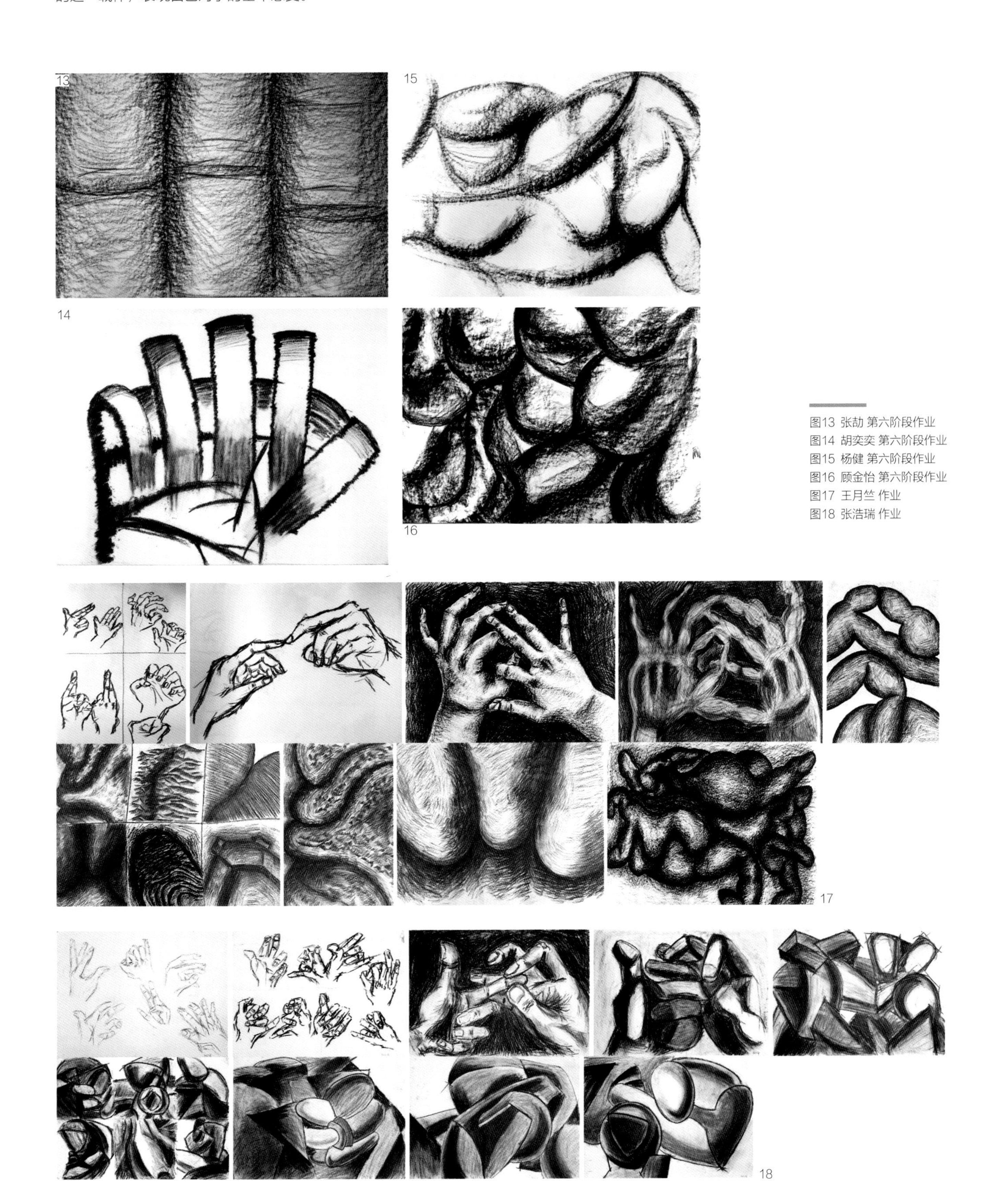

图13 张劼 第六阶段作业
图14 胡奕奕 第六阶段作业
图15 杨健 第六阶段作业
图16 顾金怡 第六阶段作业
图17 王月竺 作业
图18 张浩瑞 作业

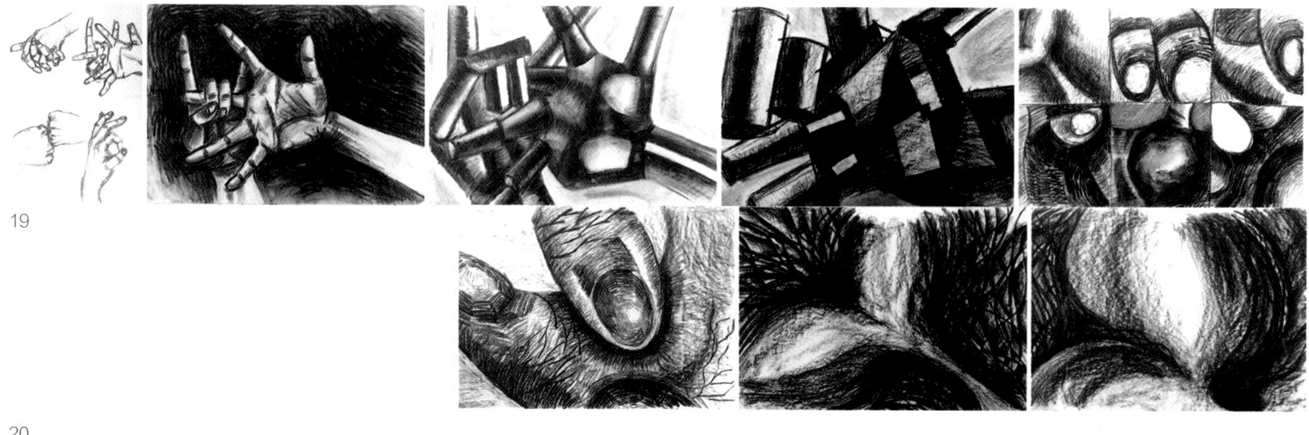

19

20

图19 张毓嘉 作业
图20 何汀滢 作业

## 四、课程小结

再现性素描在我们艺术基础教学中培养了学生审美观察能力，积累了基本的造型表达经验，也是学生学习表现性素描的必修前置课程。但是再现性素描是阶段的训练，是一个认知和体验的过程，不是素描表达的最终目的。而表现性素描是素描表达的终极目的，是个体艺术创造的基础和造型艺术最便捷的呈现方式，在艺术基础教学中对于学生的造型创新精神、创造性思维能力、当代绘画创作方法及当代审美判断能力的培养起着积极有效的作用。表现性素描强调的是人的主观性(角度和创新方法)和画者与物象之间的互动，要求画者在实践中通过创造性艺术思维，发挥审美判断能力来寻求物象的内在关系及和呈现“美”的独特感受，是主动表达的过程。因此，在表现性素描的教学中要求学生在课后阅读以往的素描艺术形式，提高自身的素描知识与修养，更重要的是扩充自己的素描知识的认知范围。在实践中敢于打破传统素描绘画中固有的呈现习惯与概念，扩展自己的创意思维和表现意识，最终通过素描的造型语言形成有独特的艺术表达个性。在艺术呈现方式多元化的专业领域中，更要强化人的个体情感和个体意识，其二者在21世纪信息化的今天乃至未来都是个体存在价值所在。通过表现性素描课程培养学生创造力和创意思维能力，注重学生内在的个性情感体验与个性化表达，核心教学目标不但是对学生个人艺术创造力的培养，锻炼其运用当代艺术观念和创意造型思维去培养学生的造型艺术思维，更重要的是帮助学生扩展他们独特的思考角度和保护他们的造型创造力，发挥学生独特的艺术表达个性和当代艺术思维，是我们在今后教学中需要着重考虑的问题。同时个性化的艺术思维及艺术思维的扩展是一个漫长而复杂的研究探索过程，这样的过程需要不断强化个体感受，提高个人的当代艺术修养。筑·美

于幸泽　同济大学建筑与城市规划学院，副教授

参考文献

[1]（美）苏珊·朗格.情感与符号[M].北京：中国社会科学出版社，2006.
[2] 鲁道夫·阿恩海姆.艺术与视知觉[M].成都：四川人民出版社，2008.
[3] 洪燕云，何庆.创造学[M].北京：清华大学出版社，2009.
[4] 胡珍生，刘奎琳.创造性思维学概论[M].北京：经济管理出版社，2006.
[5] 葛莱云.创造力开发与培养[M].北京：中国社会科学出版社，2012.

# 建筑与环境设计学科造型基础的训练新形式

文 / 吕海景　韩振坤　朱玉凯

**摘　要：** 造型艺术基础课程是建筑与环境设计学科的基础课程，在教学体系中占据重要位置，造型思维的训练直接影响学生设计思维的成长。本文就课程内容的思维训练模式以及相关训练形式进行解析，分别从课程特点、课程设计和课程训练新模式等方面进行阐述。

**关键词：** 造型基础　环境设计　基础训练

在建筑与环境设计学科基础课程教育中，造型艺术基础是整个课程体系结构中的重要内容。造型基础不仅仅是训练学生的基本造型能力，更多的是在训练的过程中构建学生的思维模式以及对于空间的认知。在传统的素描、色彩、三大构成的学习过程中存在较多的弊端与不足，通过对问题的深入分析后做出相关的教学改革和课程整合。造型艺术基础课是将传统的素描课与风景写生、平面构成、色彩构成、立体构成、空间构成等课程有机整合，结合现代视觉教育的方法和成果形成的一门新的专业基础课。该基础课是建筑学和环境设计专业学习入门的关键，在专业教学中占有特殊地位。

## 一、造型艺术基础课程特点

造型艺术基础课是专业基础课之一。造型艺术基础在建筑、规划、风景园林和环境设计专业本科教学计划框架的指导下，对原有的课程进行有机整合，形成目标更明确的新课程。通过整合，新的课程比原有的相关课程的总学时数减少，从而提高效率，减轻学生的负担，但总体上要比原来达到的效果更好。由于造型艺术基础是新生入学后接触的第一门专业基础课，因此应充分考虑与其他后续课程的衔接。

造型艺术基础的主要特点是要在教学中实现从原来的教学型向研究型课程的转变。以教学实践为主要形式，讲授基本原理之后，设计一些教学环节，让学生自己思考、研究。使学生从原来的被动学习转变为在兴趣的驱使下主动研究，从而学会在今后的学习中自觉提高造型能力。

## 二、造型艺术基础设计要求

本课程应使学生在学习中掌握建筑师基本的敏锐性，能够在今后的学习乃至工作中自觉地对形态进行敏锐地观察和思考，对形态、空间、环境等有感知能力，把素描课程的训练从传统的写实再现，转变为训练学生对素描对象的感知能力、表达能力，使学生能够理解素描的艺术性，在今后的学习中通过素描的方法表达设计意向。

1. 感知觉能力的提高

视知觉训练：在基本的形态、视觉、空间、色彩等理论的讲述基础上，培养学生的视觉思维能力，包括对视觉形式的感受能力以及借助于形式语言进行思考的能力。

训练对形态的敏锐感觉：通过作业题目的设计强化学生主动观察和注意身边的建筑环境、身边事物，从而发现形态、创造形态，提高创新能力。

训练对空间及材质感的敏锐认识：通过实地观察，对材料的触摸与操作等方法实现对空间和材质的认识。

2. 对表现技法的训练

要求学生通过训练，能够辨别光影、色彩、材质的细微变化并能准确表达。通过对各种媒介的接触，使学生尝试用各种方法表达自己的设计思维（图1）。

3. 对学生造型能力的培养

通过作业的设置，在老师的引导下，让学生自己研究如何造型，自己发现形态的多种变化，从而具有一定的造型能力（图2）。

2

4

3

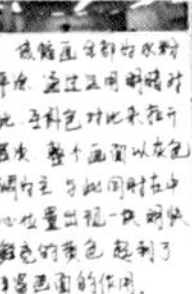

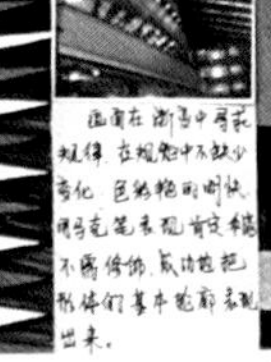

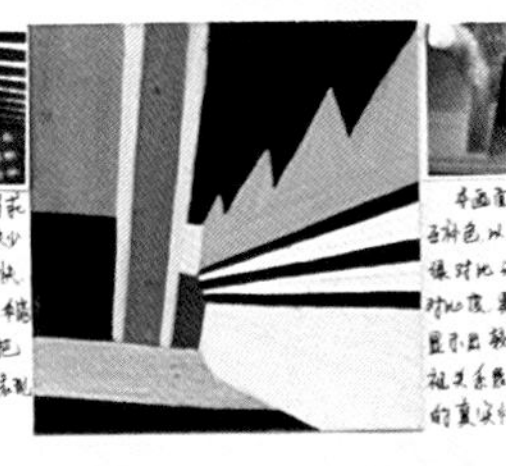

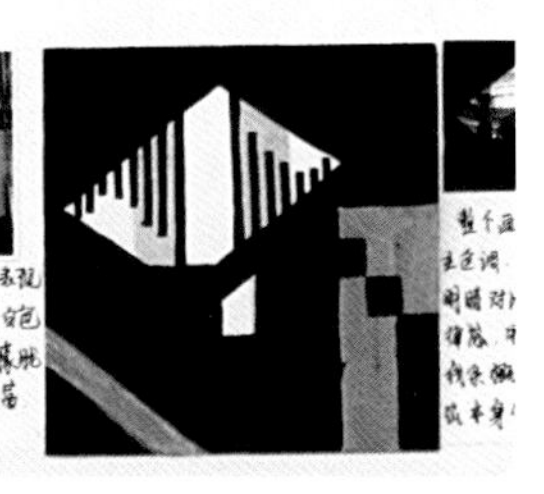

## 三、造型基础课程训练新形式

1. 空间的性质

（1）对空间的认识：了解空间与形态互相依存的关系，空间特性及空间限定对于设计的意义（图3）。

（2）限定空间中的量知觉：了解“物理定量”及“心理量”，形态在不同空间中的心理变量，空间心理变量的各种条件（图4）。

（3）空间维度：各种维度的特点及心理效应，二维、四维及多维空间的基本表现法（图5、图6）。

2. 力与场

（1）力与场的概念：用事例说明力的特征及表现、空间与场的关系及场的概念（图7）。

（2）力的均衡：从等量均衡到不等量均衡，均衡与力的关系。

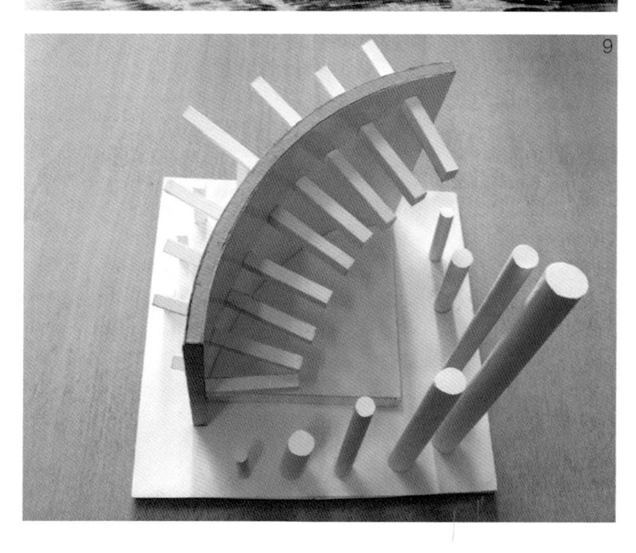

（3）节奏、韵律和力：节奏、韵律是力的一种流动状态，节奏与韵律的基本表现（图8）。

（4）视觉诱导：视觉诱导基本原理，动线，力的流动所需条件，实例分析。

3. 空间构成秩序

（1）体的创造（三维空间）（图9）

（2）由平面→立体空间（图10）

（3）形态间的相互关系（图11~图14）

1）协调、呼应

2）比例

3）层次

4）空间组合结构分析

## 四、结论

造型艺术基础课的授课对象为建筑学、城市规划、景观学等专业本科生。这三个专业学生入学时普遍理科分数较高，有较强的逻辑思维能力，思考问题的角度多偏向理性化。很多学生从小所受的绘画与艺术等方面的教育较少，对素描和造型类课程经常感到吃力和束手无策。因此，改变传统的“入学”就画的教学模式，避免产生近乎逆反的心理，变被动学习为主动学习至关重要。从这一意义上说，造型艺术基础的教育训练新形式可以实现学生思维方式的转变，达到对空间认知和创造性思维模式的建立。筑·美

吕海景　东北农业大学艺术学院，副教授
韩振坤　哈尔滨工业大学建筑学院，副教授
朱玉凯　东北农业大学艺术学院，讲师

10

基金项目
2018年度黑龙江省教育厅高等教育教学改革研究一般项目“以赛促学，问题导向的教学理念在环境设计专业课程中实践路径研究”（SJGY 20180047）。

11

12

13

14

### 参考文献

[1] 杨维、孔繁文，韩振坤.造型艺术基础训练任务书及图例[M]. 哈尔滨：哈尔滨工业大学出版社，2004.
[2] 林建群.造型基础[M]. 北京：高等教育出版社，2000.

# 设计素描中的创造性思维拓展研究

文 / 唐征征　韩振坤

**摘　要：**在设计素描教学中对学生进行创造性思维拓展的训练，有助于提高学生的学习兴趣，培养学生发现、思考问题的能力及科学素养，从而挖掘并激发学生的创造潜能，促进学生的全面发展。本文通过对创造性思维的解析以及融合创造性思维的设计创作的实例分析，总结设计素描中应有的创造性思维的训练方法和表现形式，提出应将创造性思维多维拓展的理念贯彻于教学的始终，使学生具备创新能力，更契合职业岗位对人才的需求。

**关键词：**设计素描　创造性思维　思维训练　多维拓展

目前，我国许多高等院校的艺术设计类专业相继开设了设计素描课。设计素描不同于传统的绘画素描，相较于传统绘画素描遵循的让学生对着实物画明暗和结构的教学模式，设计素描提出要引导学生摆脱传统思维模式的束缚，进行创造性的思维拓展。面对传统模式培养出的学生基本功虽然扎实，但专业设计课题表现缺乏创造性，无所适从的困境，如何在艺术设计专业的设计素描教学中培养学生的创造性思维能力，使其能够将所学素描知识和技能有效地应用到专业设计中去，已成为设计素描教学亟待解决的问题。

## 一、设计素描

设计素描是为满足设计的需要应运而生的一种基础性的素描训练方式。简而言之，是指为设计而素描。设计素描有别于传统绘画素描，它是一种具有符号性的素描表达方式。

### 1. 设计素描的基本要素

设计素描的最基本要素为点、线、面。点是最简洁的形，点的运动轨迹形成了线；线是世界万物所含有的形态；线又可以构成面，面与面的组合构成体，线条密集排列交织还可以组成明暗调子。所以，点、线、面、体、空间、明暗和结构构成了设计素描的基本要素。

### 2. 设计素描的训练模式

设计素描可分为两种训练模式，一种是理论学习，另一种是实践引导。其中，理论学习包括思想认知、解析名家名作以及临摹名作三种形式。实践引导以实现有目的、有层级地激发创意思维为训练目标。实践引导着重培养学生多角度、多方位观察、感受、想象、创造及符合设计意识的艺术素质。提高学生观察问题、发现问题、分析问题的能力，进而产生新构思和新创意。

## 二、创造性思维解析

创造性思维是指运用新颖独特的思维方式来表现事物的特征，从而产生新的表现形式和思维成果的一种活动。

### 1. 创造性思维的训练方法

创造性思维通过新颖独特的思维、想象思维和逻辑思维的综合运用来表现事物的本质特征。设计素描中创造性思维的训练方法主要包括多视角观察的训练方法、分解与重构的训练方法、同构的训练方法三种:

（1）多角度观察的训练方法。要求从不同的角度考虑事物的本质特征，进而描绘出事物的突出特点。

（2）分解和重构的训练方法。需要改变事物本身的形状，重新设计出一种新事物形状。

（3）同构的训练方法。利用物象外形结构的相似性或内涵的关联性，将两个不同物象依据一定的结构组合在一起以形成新形象。此种训练方法的主要特征是有趣、新奇，并能使新形象的内涵得到升华，可以自由发挥想象力。同构法是训练学生联想思维的能力，增强创新意识。

### 2. 创造性思维的基本特点

创造性思维的基本特点是求新求异，作品新颖、奇异。既可以由一种或几种物象变换为某种具有“特定意味”的设计形象，又可以通过联想创造出独特且新颖的视觉形象。

## 三、融合创造性思维的设计素描

### 1. 设计素描中的创造性思维表现形式

（1）抽象思维的设计表现

抽象思维是通过对事物反复研究、比较分析后，提取事物本质属性的一种思维模式，这种思维难度较大，但这是艺术类学生必须具备的思维能力。图1展示了在设计素描中通过融合抽象思维进行创作的作品。

（2）逆向思维的设计表现

逆向思维是用新视角、非常规的思维解决问题。它的思维特征是变通、反其道而为。通过预想结果的展现，推出事物要正面表达的设计含义，如果应用得当，这种思维能让人印象深刻，信息传达效果更好。如图2所示，用此种思维方式，以不可

图1 给予抽象思维的设计创作
图2 给予逆向思维的设计创作
图3 给予联想思维的设计创作
图4 基于联想思维的设计创作

1

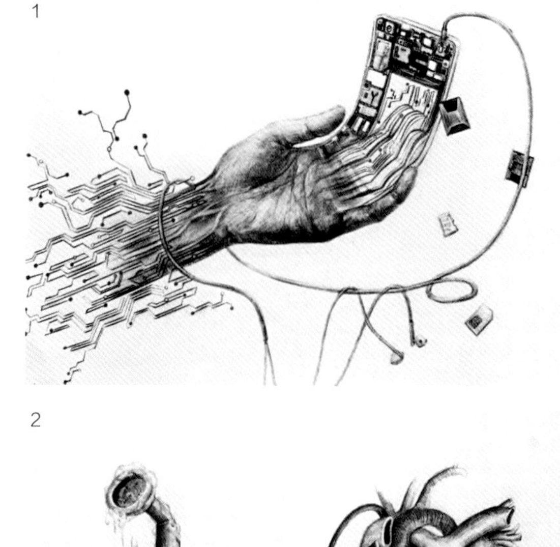

2

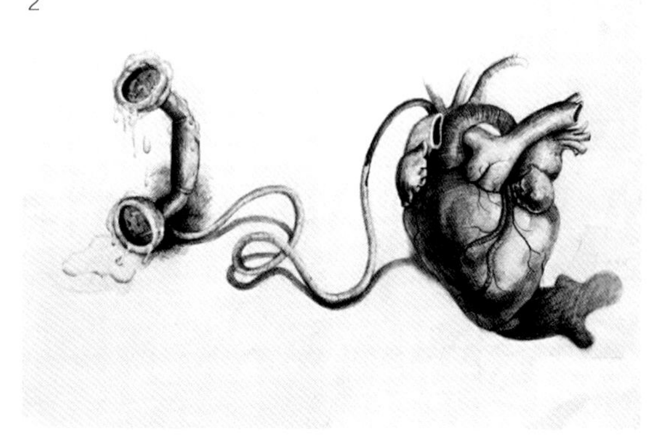

逆转的危害性告诫过度劳累和紧张对身心的危害。设计素描训练中常用以此方式创造新形象，拓展新思维。

（3）联想思维的设计表现

联想思维是对熟悉的物象进行分析，从它的组织结构、内涵、形象入手，将其他物象的形和意与之联系，获得新形象，并升华基本形体的内涵表达，展示了在设计素描中通过融合联想思维进行创作的作品。训练时要有的放矢，联想要合情、合理，且要有意义( 图3、图4)。

2. 创造性思维的多维拓展

首先，通过训练创造性思维引导学生对室内设计具有敏锐的感知力，在此基础上培养学生具有室内设计专业的画面表现能力；其次，培养学生具有室内设计的创意能力、室内设计的空间想象能力，以及一定的自学能力、获取信息的能力，从根本上提高学生的审美能力；最后，培养学生建筑速写、建筑内部空间穿插设计的能力，从而激发学生对建筑美学的兴趣，调动学习潜力。

## 四、结论

实践创作证明，设计素描不单是一种绘画技能基础训练手段，同时也是一种艺术设计创新手段。相比较传统素描的训练模式，有着它独有的优点，设计素描教学中创造性思维拓展的训练，有助于培养学生自己发现、思考问题的能力，将学生的创造潜能有效地激发出来，从而使学生得以更为全面的发展。因此，在今后高等院校的设计素描教学中，为了更好地培养适合时代需求的人才，有必要把创造性思维多维拓展的理念贯彻于教学的始终，使学生具备创新能力，更契合职业岗位需求。筑·美

唐征征　哈尔滨工业大学建筑学院，讲师
韩振坤　哈尔滨工业大学建筑学院，副教授

3

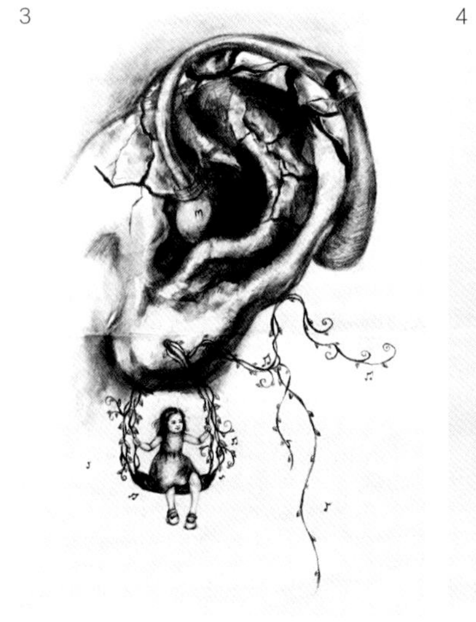

4

参考文献

[1] 李波，皮沛. 设计素描教学实践中的创意思维与方法[J]. 文教资料，2019(20)：111-113.
[2] 易安安.浅谈设计素描中创意思维的训练方法[J]. 大众文艺，2018(14)：69.
[3] 杨华华.浅谈设计素描教学中创意思维的培养[J].艺术科技，2018，31(05)：36+38.
[4] 杨爽. 平面构成三要素在设计素描构成中的运用[D]. 青岛大学，2017.
[5] 刘新华，张一涵. 关于设计素描在教学中的几点思考[J]. 建筑与文化，2016(07)：118-119.
[6] 陈相道.从传统素描到设计素描[J].艺术百家，2014，30(S1)：114-115，131.
[7] 李天林. 设计素描样式与案例的教学设想[J].艺术评论，2014(11)：109-111.
[8] 张靖国.设计素描的形式及教学重点探研[J].辽宁师专学报（社会科学版），2008(03)：97，99.
[9] 陈强. 对设计素描教学的探讨[D]. 南京艺术学院，2008.

# 艺术造型教学中的数码绘画介入

文 / 周信华

**摘　要：**数码绘画是以数码工具为载体的新绘画表现方式，是融合传统绘画艺术和现代计算机数字图形技术的产物。数码绘画的介入，给艺术造型教学注入了新的活力，也引发了有关教学方法上的思考。数码绘画在艺术表现方面的创意性思维和丰富的创作手法，是对艺术造型教学方法和审美多元化的重要补充和拓展。

**关键词：**数码绘画　表现方法　教学探索

近年来，部分高校实施了新一轮的教改，从大类招生到本科低年级的通识化教育，引发了一系列的课程结构调整。一方面使得学生的自由选课空间进一步扩大，另一方面也直接导致一些基础课程的课时量锐减，其中以建筑专业的艺术造型基础课程情况较为突出，这就迫使我们必须在教学中做出相应调整和改变。

在这种趋势下，如果还是以传统的造型基础教学评价体系来衡量，相当一部分学生的表现与教学预期可能相差甚远。这其中固然有课时量不足的原因和学生的自身能力问题，但更多的恐怕是教学观念的滞后所引起的。如果一味地以传统造型教学模式来要求，势必导致陷入技能化训练的误区，严重偏离了以审美素质和创造性能力培养为目的的艺术造型教学初衷，也与大部分学生的自身能力不符。事实上，对于建筑设计专业的学生，虽然其造型能力确实相对比较薄弱，但他们对艺术的向往和创造的渴望却不容忽视，需要我们在教学上另辟蹊径，以契合学生的实际需求。基于这样的思考，在艺术造型课程中介入数码绘画作为教学辅助手段不失为一种有效的尝试。

## 一、数码绘画教学介入的意义

数码绘画是借助计算机数字图形技术手段来进行绘画创作的一种艺术形式。依托于计算机科技的快速发展和技术支撑，这种艺术形式已在绘画创作、影视与动漫制作以及商业设计等众多领域中扮演着不可替代的角色，彰显出在艺术观念及表现手段上的先进性。

与传统绘画相比，数码绘画是一种综合性的新艺术表现形式，在某种意义上可定义为“屏幕绘画艺术”，是计算机数字图形技术和传统绘画艺术相结合的产物。数码绘画的教学不仅需要传统绘画中所具备的造型基础知识，同时还需要具备计算机相关技术，包括数字图形与成像、数字色彩模式、图形处理与绘画软件的应用技术等。和其他绘画表现形式相似，数码绘画可表现出如油画、水墨、水彩、素描、版画等绘画形式的各种艺术效果。与传统作画方式不同的是，数码绘画是通过无纸、无颜料的数码工具来完成，具有快速、便捷、高效和灵活的巨大优势。因此，研究虚拟化的数码绘画方式以及和传统绘画的结合变成了教学的重要课题。

长期以来，艺术造型课程教学的着重点在很大程度上还是偏向于传统造型能力的训练，这种能力的提高往往需要花费大量的时间。目前由于课时量的减少，教学效果面临着重大挑战。而通过运用数字化技术手段的数码绘画教学方式的介入，借助数码工具的优势，可极大减轻学生对传统教学模式中造型要求的压力，进而在艺术表现方面获得更大的自由空间，有利于使教学重心回归到对创造性思维与多元化审美的培养上，课程的趣味性也较强。实际上，在当今数字化日益普及的时代，大部分学生在选课前已经具备了

1

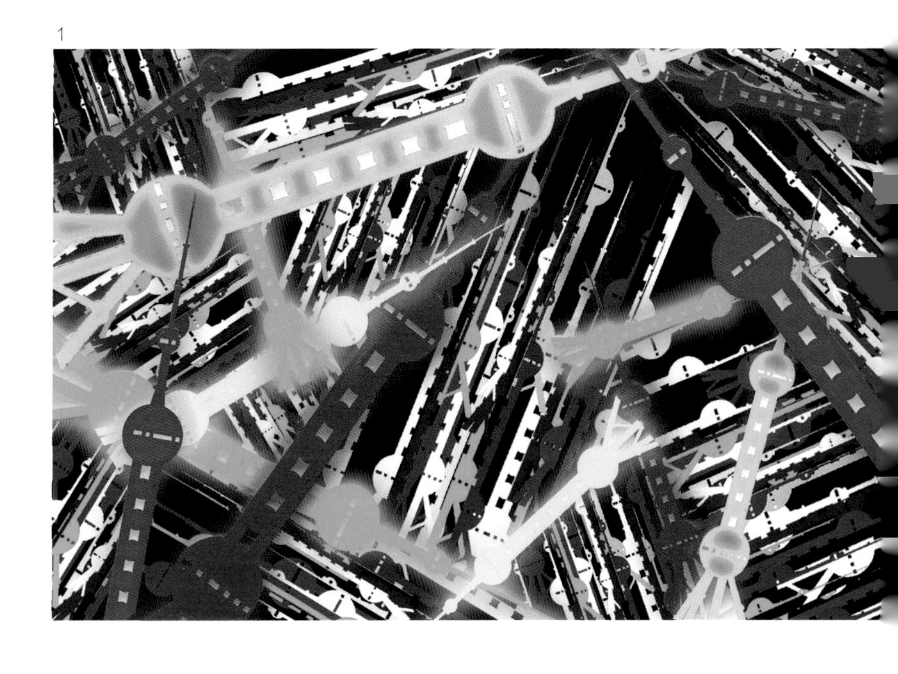

图1 具象作业-郭立伟

2

图2 色彩关系比较-陈多艺
图3 自画像作业-林晓敏

3

一定的电脑基础知识和软件操作能力，这就为数码绘画教学的实施提供了有利条件。在艺术造型的课程教学中，学生们能够很快地从传统作画方式转变到运用数码工具来进行绘画表现和创作，并通过学习和利用绘画软件的相关功能顺利完成课程作业，这不仅有助于快速培养学生的造型观念和色彩感觉，而且也有助于学生深刻理解和认识艺术表现方式的多样性。（图1）

艺术造型教学是培养和提高审美素质不可或缺的重要途径，同时也是为学生的未来设计工作夯实基础。事实上，与设计相关的大部分工作皆已依赖于数码工具来实现。据最新的调查显示，以平板电脑上的Procreate等绘画软件作为设计辅助手段已开始应用于建筑设计领域，这种直观且能快速表达设计思路的高效率方法为交流和沟通扫除了障碍，获得了设计师的青睐。因此，在艺术造型课程中介入数码绘画教学内容，使学生提前接触并利用数码工具来独立完成创作，对其未来的专业发展有着非常现实的意义。

## 二、数码绘画的基本特点和表现方法

绘画工具的改变，最终生成的艺术效果自然不同。数码绘画有其自身独特的艺术特点和表现方法，在某些方面呈现出与传统绘画不同的艺术效果，视觉上往往更加醒目，数字图形技术的介入引发了艺术表现方式的深刻变革。

### 1. 数码绘画的基本特点

首先是绘画效果的精确性。由于数码绘画中的常用工具为各种绘画软件，如Photoshop和Painter等程序，所以相关的造型和色彩都是按电脑程序编码进行设计的。比如数码绘画中的对圆球体的描绘，可以通过输入相关数值或利用几何形工具由程序准确运算呈现出来，造型具有极高的精确度。同时色彩控制也是通过输入RGB或CMYK值来获得，色彩过渡自然，视觉上表现得非常精准和逼真，这种精确性体现了数码绘画独特的数字技术特征。

其次是绘画过程的灵活性。得益于数字图形技术的发展以及众多优秀绘画软件的开发，相对于传统绘画，数码绘画的快捷与灵活可变的特性给学习者带来了极大的便利。比如在色彩课程作业中，通过绘画软件SAI可作出不同的配色效果，软件的可撤销性优势方便学生反复进行修改，以获得各种不同的艺术效果，便于进行对比和筛选，从而进一步加深对色彩关系的理解，提高造型表现能力。（图2）

此外，数码绘画还具有强大的传播性和趣味性特点。在互联网信息时代，基于数字平台的数码绘画，彻底打破了时空传播的限制，使得艺术家、作品和受众之间可以更方便地互动，带来了全新的艺术体验。随着数码技术和工具的普及，更多的人可以PS出非常有趣的图像，或幽默或荒诞或梦幻，表现出极强的趣味性，使得绘画艺术更贴近大众。（图3）

2. 数码绘画的表现方法

数码绘画的表现方法具有多样化和综合性的特点，集传统绘画形式中的素描、水墨、水彩、油画等表现方式。实际上，一些优秀的图形软件集成了众多前辈艺术大师的创作手法，图形演变和生成的最终效果值得我们学习和借鉴。在数码绘画中，基本的表现方法主要归纳为滤镜处理法、图像借鉴法、触控笔手绘法三种。

滤镜处理法需要利用软件的滤镜处理功能对导入电脑中的数字图像进行处理，以达到类似绘画的视觉效果。大部分主流的图形软件如Photoshop等都提供了非常强大的滤镜功能，可以获得各种独特的艺术效果，其画面感染力和趣味性也较强，特别适合初学阶段的学习。（图4）

图像借鉴法就是借用现有数字图像中的某些形态作为画面的造型依据，然后结合软件的各种画笔工具对原图像进行再创作的绘画表现手法。此方法可以大幅度提高绘画学习的效率，并在很大程度上弥补一部分学生造型能力不足的缺陷，提高学生对美术学习的兴趣。这种方法不仅为专业人员提供了创作的便利，而且也使得非美术专业的学生能够较容易地找到学习绘画的途径。（图5）

触控笔手绘法是利用触控笔直接在数位板或触控显示屏上作画，并结合绘画软件的画笔功能与色彩工具加以控制和调整。触控笔手绘法是数码绘画中最具绘画性的一种方法，也是最常用的表现方法，适合涵盖具象和抽象绘画的各类创作。这种方法与传统手绘作画较类似，对造型能力的要求相对较高，也最能体现绘画者的造型功底和素养，需要学生在平时多加练习，以提高绘画基本功。（图6）

## 三、与传统绘画的互补

虽然数码绘画是以数字工具为载体，但在本质上仍属绘画艺术的范畴，其审美准则和传统绘画有着不可分割的联系。传统绘画经过漫长的历史发展而建立起来的审美

图4 运用滤镜处理法的抽象作业-李昱瑾
图5 自画像作业-连慈汶
图6 自由创作-段健旋

7

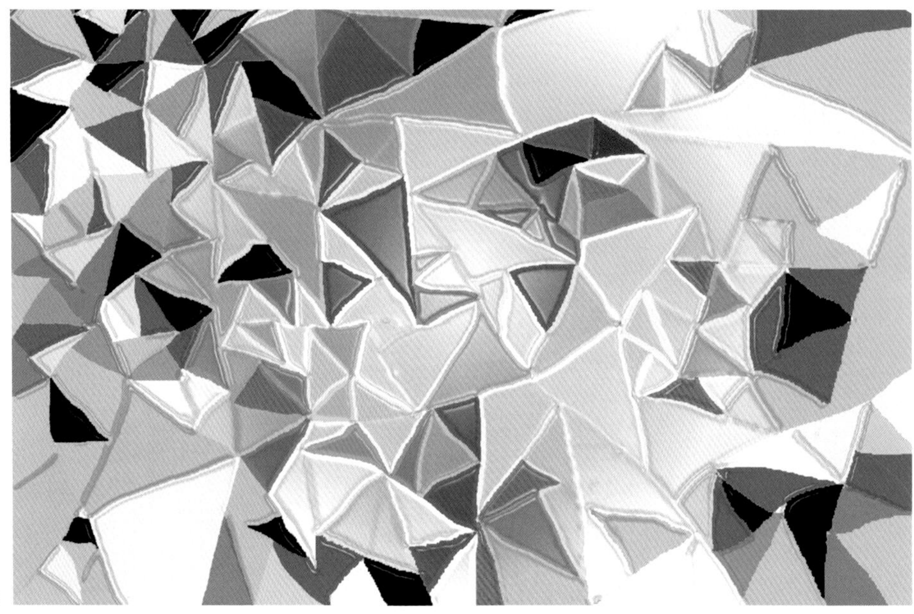
8

图7 抽象作业-武铮强
图8 色块练习-王毅松

体系，凝聚了各个时期和不同地域的文化结晶，包含着深厚的历史底蕴。而数码绘画和传统绘画的融合，使其自身的艺术探索和审美实践获得了强大的理论支撑，同时也推动了绘画艺术的发展。

对于数码绘画的认识，存在着一种误区。有种观点认为数码绘画是无所不能的，其造型模仿和再现能力极其强大，可以最终取代传统绘画。这种出于对现代科技的盲目崇拜，导致对数码技术的局限性和艺术原创性缺乏认识，无疑不利于绘画艺术的发展。传统绘画与数码绘画的结合不是单纯地相加，而是一种互补关系。作为传统绘画与数码科技互相融合的产物，数码绘画借助数字化技术优势，形成自身独特的艺术语言，拥有强大的生命力和广阔的应用前景，其传播上的便利性更是获得了广泛的受众，同时也促使专业领域的艺术教学与应用需求衔接。当然，数码绘画的发展离不开对传统绘画的继承与吸收，特别是传统绘画中的思想性和人文精神具有不可忽视的借鉴价值。

数码绘画的学习，可以按照传统绘画中的各种艺术效果为范本。如水彩的淡雅与清新、水墨的韵味与意境、油画的浑厚与肌理、版画的简约与概括等。我们可以通过对深远博大的传统绘画的学习和探究，来寻找数码绘画的表现方法和创作灵感。因此，在课程中要协调好与造型基础教学的课时分配，需要通过一定课时量的手绘练习，使学生对造型构成要素、色彩关系以及绘画表现方法等方面有一个深刻的理解和认识，以便为开展数码绘画教学打下基础。与此同时，应更有针对性地加强多元化的艺术实践，摒弃以再现真实物象为唯一目的的传统思维方式，提倡以解构与重构为主导的创意思维和形式表现。（图7）

## 四、数码绘画教学探索

在艺术造型课程中实施数码绘画教学，对于相关知识的掌握以及技术应用提出了新的要求。因此，在教学中需重点讲授数码绘画原理与应用基础知识，使学生了解这种新颖作画方式的多样性与趣味性，并通过绘画创作实践来开拓创意思维，提高自身的艺术修养和审美水平。

### 1. 观察习惯的改变

利用数码绘画软件可以帮助学生建立独特的观察方法。通常情况下，对描绘对象的观察，往往习惯先着眼于具体的形象，然后才是依附在形象之上的色

9

10

图9 自由创作-马镱峻
图10 自画像作业-高佳宁

彩。如果换一种思路，当你在观察物体时，首先看到的并非是具体的形象，而是构成形象的各种形状的色块，结果又将会如何呢？在图形软件Photoshop中的滤镜—像素化—晶格化而产生的色块变化，从中显示了物体由具象到抽象的演变过程，这对于非美术专业的学生直观地理解和认识抽象形态的形成有很大的帮助。（图8）

2. 绘画方式的改变

数码绘画是通过硬件和软件的运用来实现的。硬件主要有PC和平板电脑，外加数位板和触控压感笔。软件方面主要有PC平台上的Photoshop、Painter、SAI等主流的图形编辑软件，以及在平板电脑上的Procreate、Sketches等优秀绘画软件，这些软件如同传统绘画中的笔和颜料。

与传统作画方式不同，运用现代化数字技术的数码绘画，使得绘画手段变得更加丰富和灵活，且绘画效果更显多样化。例如，数码绘画中可以有效地利用软件的各种画笔、艺术滤镜以及特效工具，而无须像手绘方式般一笔笔涂抹。并且还可以尝试创建个性化的画笔工具，以便对不同对象进行深入描绘和刻画。当然，引导

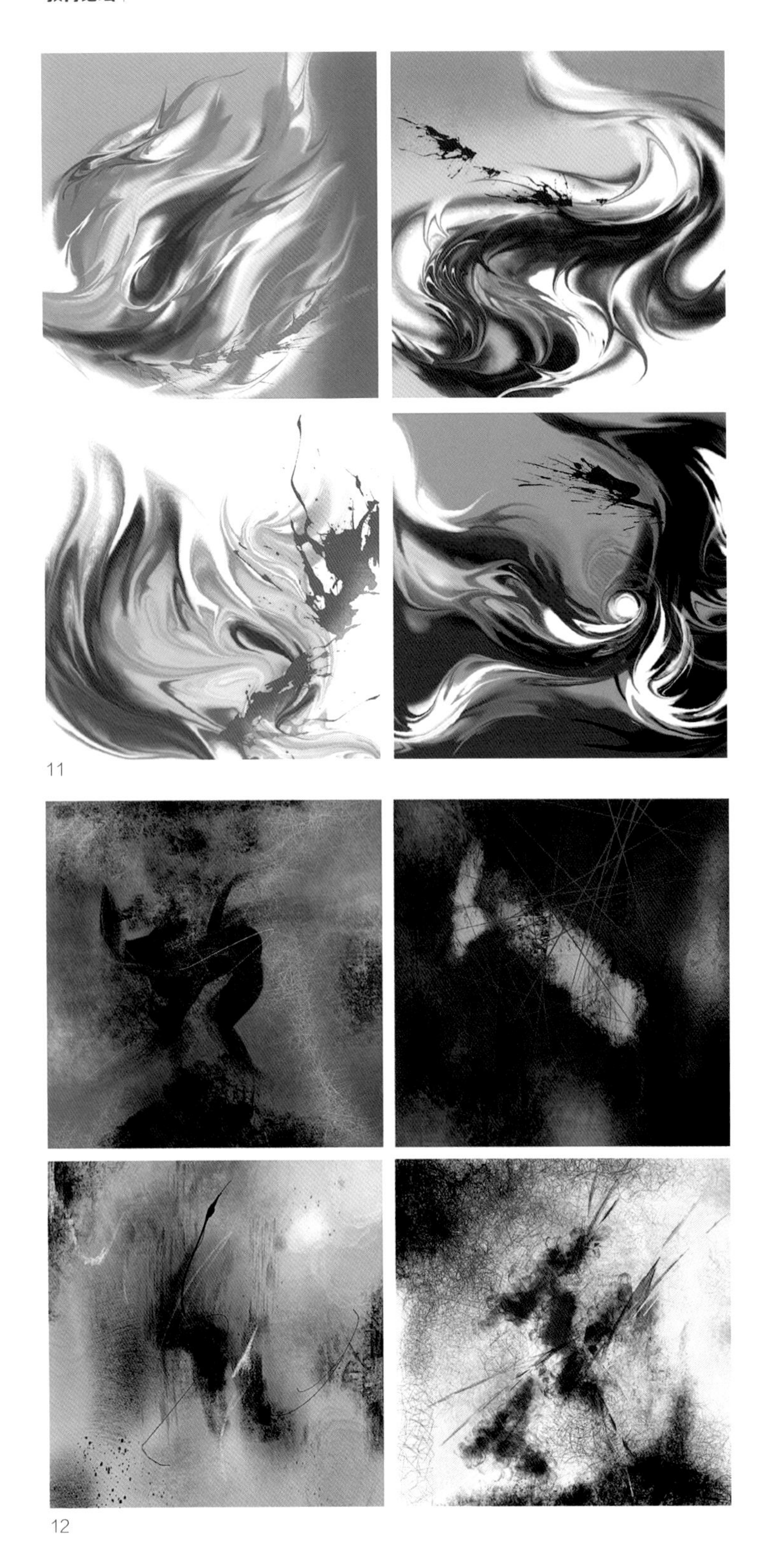

图11 抽象练习-郭沛雯
图12 抽象练习-冯泗衡

学生对各种特效的合理运用也极为重要，以避免画面缺乏人文内涵，要始终强调作品的绘画性，注重通过绘画语言的探索来突出情感与思想的表达。(图9)

3. 学习方法的改变

数码绘画的学习可以从变体画练习开始，也可运用涂鸦、主题创作等手段来加强训练。例如，在变体画练习过程中，让学生去了解各种绘画流派的艺术风格和创作观念，体验不同的色彩意境与审美情趣；又如涂鸦练习，在看似无意识的即兴涂抹之中，让学生去感受其中最原本的绘画语言表达方式和数码绘画的独特魅力；再如主题创作，以强调艺术原创性为教学切入点，激发学生的创造潜能，鼓励独特创意和个性化表现。另外，要充分利用数码工具方便快捷的特点，对不同种类、不同风格的绘画语言进行深入比较和研究。因此，教学要注重开阔视野，尊重艺术个性，鼓励学生进行相关探索和尝试。(图10)

4. 创意思维的拓展

很大程度上，数码绘画的教学效果取决于教师和学生的创造性思维互动。因此，必须摒弃思维上的僵化，树立突破常规、敢于创新的思维模式。在教学中，要围绕着艺术想象力、创造性、形式敏感性和抽象思维等方面展开造型训练，加强课程建设和教学投入。艺术造型课程的教学有其自身的审美特性，教师应以培养和拓展学生的创意思维为教学重点，通过艺术实践来树立创新意识，提升创造能力。(图11、图12)

## 五、结语

在艺术造型课程中介入数码绘画教学，是顺应数字化时代发展潮流的一种尝试，给艺术造型教学注入了新的活力。数码绘画丰富的创作手法、令人惊叹的艺术效果、对色彩选择的灵活可变性以及对现实空间虚拟的重构，这些都是用传统绘画手段难以实现的，对艺术造型教学是很好的补充和拓展。但与历史悠久的传统绘画相比，数码绘画毕竟还是新生的画种，需要我们在理论和实践中不断学习与探索，在教学内容和教学方法上大胆创新，与时代发展接轨。筑·美

参考文献

[1] 蔡恭亦. 数码绘画艺术研究与实践[J]. 上海艺术评论，2011(1).
[2] 李振华. 数码绘画植入艺术设计基础教学中的教学方法探究[J]. 东西南北·教育观察，2011(11).

周信华　同济大学建筑与城市规划学院建筑系，副教授

# 论同济大学美术教育研究

文 / 何伟

**摘　要：**对同济大学美术教育历经半世纪的回望与梳理。进入新世纪以来，随着办学规模的扩大与调整，同济大学在构建教学形态、内容与方法的教学过程中，服务于专业学科，立足于艺术本位研究。特别在近些年，新时代之下美术教改进程中，基于设计学科的美术教学注入了新的改革元素与活力，重塑与赋予了“艺术课程”重要作用与价值。

**关键词：**同济历史　开放与多元　海外写生　重塑价值

图1 20世纪50年代　陈盛铎《水乡》 油画　23cm × 28cm
图2 1987年　杨义辉 《溶洞》 水彩　50cm × 40cm

同济大学美术教育始于20世纪中叶，随着学科办学规模的逐步扩大和专业方向的特色明确，涌现了许多优秀的美术开拓者，拥有丰富的教学和实践经验。伴随当下美术教改的脚步，同济大学的美术教学基于设计学科的发展，为课程注入了新的元素与活力，为新时代的艺术课程重塑价值。

## 一、回望与梳理

同济大学美术教育可追溯到半世纪前建筑规划学科的创立。1952年随着全国高等院校的调整，早年曾被誉为上海高校美术教育高地的同济大学汇聚了众

1

2

多名师大家。20世纪初，中国向欧洲、日本派遣大规模留学生，因此中国美术开拓者几乎都有留欧、留日的经历，学成归国后的学子们把西方的教学方法、教学理念带回到中国，为中国近代美术发展作出了贡献。这其中不乏同济大学的陈盛铎、周方白、陆传纹等。

陈盛铎是20世纪初上海留洋画家的代表人物之一。他18岁进入上海美专学习，1929年学成归国从事美术教学，先后执教于上海美专等。他在同济大学美术教授在任期间，开办画室，培养了一批知名画家。作为我国西洋画教学的先驱者之一，陈盛铎教了一辈子素描，并且被刘海粟称为“中国素描第一人”。同济大学是他形成自己素描教学体系的重要院校。

图3 1997年 王克良《有鱼的构图》综合材质 70cm×60cm
图4 2000年 王志英《园林一隅》铅笔画 39cm×27cm
图5 2007年 朱膺《无极更光辉》布面油画 90cm×80cm
图6 2012年 阴佳《记忆的拓片》木刻版画 120cm×120cm

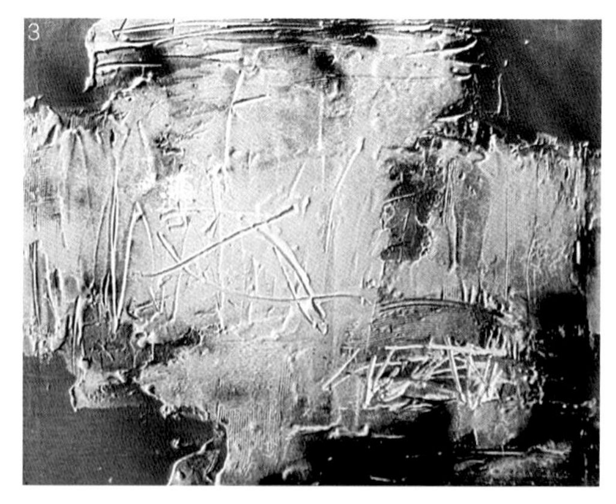

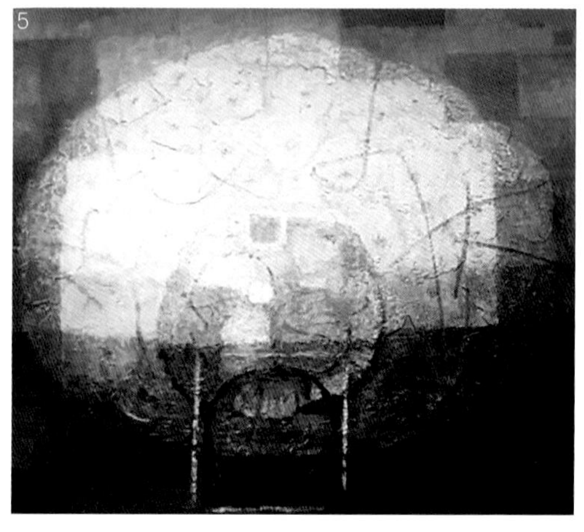

周白方，作为21世纪前期继徐悲鸿之后，与吴作人、吕斯百、颜文梁等艺术大家同期赴法国留学的先辈，在留学期间曾获得多项重要奖项，并成为比利时皇家美术协会会员。这些荣誉获得者在中国早期留学生中，也是翘楚者。周方白作为同济建筑规划学科创立时的元老之一，我们从其油画、水彩、素描和雕塑作品中能够感受到这位作为中国现代美术的“盗火者”所具有的扎实的艺术功力及文人品格，并影响着后来者。

王秋野、樊明体、朱膺早年分别毕业于上海美专、杭州艺专，都是国内美术人才摇篮与艺术群英荟萃之地。同济大学教学的生涯，促使他们成为美术教育家。他们在传授美术基础知识与技能的同时，立足于艺术本体的研究与创作，在各自的美术领域发挥所长。王秋野先习西画，后转学中国画，得虚谷、王昌顾等画路，晚年画风更显奇峭古原、简练老辣，并擅长书法，探索于殷契古籀文字的传统文化之精粹。樊明体则专注于水彩艺术研磨，长期的水彩画创作与教学，形成其朴实、自然的风格，其色彩沉着、滋润、水分厚薄相宜，创作中博采众长，画风也因此不断演变，渐显民族风格的融入与创新。

朱膺，西洋画入道，师承林风眠、吴大羽，同窗有赵无极、朱德群、吴冠中，足见其美术阅历与历史地位，作为中国第二代著名油画家之一，其油画作品融入民族性与现代性元素的探索，并贯穿整个创新与教学生涯，唯美形式感的“诗韵”追求，中西兼容、独具个性艺术语言、自成一体。

与他们上一辈的先行者相比，更在已有“拿来主义”艺术道路的基础上，探索出属于东方艺术与现代精神相融的命题。而这种探索精神，润物细无声，影响与感染了一代又一代的同济学子。学生在他们这里除了学“艺”更学“道”。

蒋玄怡、李泳森、吴一清、倪景楣都曾任教于同济大学建筑系，一起共同构建同济美术在上海高校教育的高地。

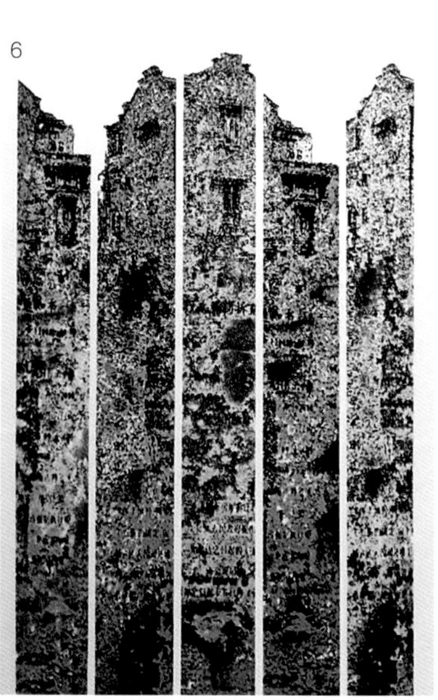

## 二、多元与开放

1996年随着国内高校再次调整与整合，上海城市建设学院、上海建材学院、上海铁道大学并入同济大学，同济美术教学团队教研室扩大并调整为第一、第二教研室，期间设立了以教授导师命名的现代绘画学术团队及环境艺术团队。2002年，教研室合二为一，并成立了美术教研室四个工作室，三年后随着教师人事变迁又调整为五个教研室，同济美术师资的群体已达到历史上最大规模，其队伍框架与教学组织日臻完美，并在教学内容、方法等诸多方面，呈多元开放的发展趋势。在近十年的教学进程中，呈两大主线，贯穿在整个学期美术教学进程中，一为美术基础常规日常教学，二为开创艺术实践基地。

**美术基础常规日常教学**

基础课程日常教学的主要内容包括素描课程、色彩课程及暑假实习。由于教师类型不同，形成了不同的教学模式，构成了多样性的“教与学”生态环境。任课教师所毕业的院校主要有中央美术学院、中国美术学院、上海大学美术学院、华东师范大学艺术教育系、上海师范大学教育艺术等，专业方向为国画、油画、雕塑、综合材料及自由艺术专业等，教师的年龄跨度为36~60岁。不同的高校背景与学科方向，造就了教师在教学过程中因自带学科基因差异性，呈现在教学方向、内容及方式方法也各有千秋。例如，油画专业的教师与国画专业教师在教学过程中，尽管教授的内容相近，但所带来的教学方法与手段不尽相同，最终所呈现出来的教学效果有很大的不同。例如，雕塑教师授课中侧重于空间与体量感塑造，综合材料的教师在画面形式感与肌理多样性创意中投入更多精力，而自由艺术专业的教师在探索现当代艺术中更显其优势。教师专业方向相同但毕业于不同的院校（美术学院与211、985综合性大学）教学过程中与教学面貌又有差异性。此外，教师各自的性格特点、偏好兴趣、美学价值观取向及学术追求方向等差异也会形成教学面貌新颖与个案特色。例如，油画专业教师在创作与教学追求“中国元素”及有“民族特征”的绘画语言吸收与传承；国画专业教师则从“西方造型观”

图7 2018级园林风景（素描，布与自由形态表达，2019）
图8 刮画-1
图9 刮画-2

7

8

9

图10 刮画-三角形
图11 三角-最终评图-挂画

中采纳对教学有益养料；更有教师博采众长，不断拓展专业边界，充实滋养。这种对教学执着与探索的精神，润物无声，潜移默化地影响到了他们的学子们。

随着教改深入地推进，在保持美术总课时量不变的状况下，将两学年四学期的课程调整为“3+1”教学模式。“3”作为延续着常规教学的状况，将两学年课时量转换成三学期完成，增设“1”则为开设的艺术工作坊，让教学上有特色或探索实验性的教师有施展的空间，更是面向全院学生开放，学生有了自主选择不同内容课堂的同时共享富有个性化教师授课形式与理念。此项构建对日常传统意思上教学素描与色彩教学内容与方式有益的改良与促进并充实拓展其教学多样化发展。开辟的新课堂有设计素描、当代素描、现代版画、色彩表现、宽笔表达、陶艺、篆刻、剪纸、国画水墨与工笔、雕塑及空间构成等。通过多年的教学积累，很多教师逐步建立起自己的教学特色与面貌。

（1）建立与设计学科相适应的美术基础教学

开设设计素描课程。设计素描是以传统写实素描为主的教学环节后的延伸与拓展的教学内容，如果说前者主要是阐述，注重以写实效果为重，强调一种规范性、准确性和技巧性等一系列造型基本能力的训练，那么后者则以视觉形式、空间想象、创造性思维等与建筑、规划、园林设计等专业有关联的设计专业所需的基本素质要素展开的教学探研。它是一种新颖的体验式的教学形态，同时也是同济大学美术基础教学素描课程有益的尝试与突破。追根溯源，设计类建筑学科美术教学也是伴随历史年轮，从过去走到现在，是由古典主义建筑教育向现代主义建筑教育转变的必然趋势。从17世纪起西方建筑学校美术教学受益于欧洲美术学院经典写实手法，20世纪初美国宾夕法尼亚大学建筑美术训练与常规美术训练也与常规美术课程的设置无异，而德国包豪斯的教学理念则开启了现代设计之门。正如艺术史流派更迭一样，最前沿的艺术形态、意念及符合时代的教学观念更具时代生命力，对当代设计观念发展与形成有着重要影响。因此，我们通过系统梳理，吸纳了包豪斯“图画分析”及“形式分析”、巴塞尔“结构分析”、耶鲁大学的素描教程等以及相邻学科的教学成果，如香港大学顾大庆对“设计与视知觉”等当前对设计学科美术教育有建树的理念。同时在教学中关注了现当代艺术不同流派与主张，有所扬弃，依据不同教学目的与需要融合教学之中。我们具体设置内容有形式图式、空间解读、意境营造等，以此形成与设计类相关专业的培养需要要素内容，构成美术教学理论基本框架，并指导实践，其旨意提升设计学科课程体系相适应的美术基础教学建设。

（2）突出视觉思维的训练

在教学过程将研究视觉经验抽象转化的形式规律和对视知觉，进行创造性表达的训练，也是教改中实验性的一部分。美术表现不是对所见物象被动的复制，而是一种积极的理性活动，是一种发现和创造性的行为，其本质是视觉思维形成的训练。视觉思维是建立在科学体系基础之上的综合思维，其有不同的类型，如形象思维、抽象思维、灵感思维和创造性思维，我们将其设置在不同的训练阶段，使我们的学生在系统性的训练中得以理解和融会贯通。

形象思维是以物象具体的形象和表象为主的思维形式，是美术初学者描绘形象的基本形式之一，其思维的动力形式从表象着眼，通过学生的观察到物体经过选择，思考、整理、组成新的内容和形象。具有理性意念的新意象。由此可见，形象思维是整个实践环节中比较重要的，是培养学生感性认知的一部分。

抽象思维是以概念、判断、推理形式进行的，其特点是把直观所得到的观察形象通过抽象概念形成概念原理。使认知感性认识

图12 三角-最终评图-色彩
图13 色彩-三角形

上升至理性的过程。尤其是对设计类学生来说，感性地描绘物象表象的同时，借助抽象思维中的归纳方法，对其形成新的形象创作，有一定推进优化的功效。我们的课程有意识地摆放不同造型的器皿，且数量比平时的组合更丰富与多样，让同学们在不同的造型中提炼与归纳出单纯的几何形抽象形态，进而通过主观感受而生成创新形态。此训练延伸到自然界或我们的日常生活中就会发现抽象美的形态，训练我们的学生，使之具有新颖的、抽象视觉之美的感知力。

灵感思维是最富有创造性的心理现象之一，在视觉思维形式中有特殊功效。我们在美术教学的最后环节增设了创作课程，此课程采用课外自由创作为主，课内同学们小组讨论为辅的形式。这种授课形式是让同学们在相对自由的环境中驰骋想象的空间。此外，我们建立班级手机微信群，就某个创作问题随时沟通，但更多的时间让学生自由支配和掌握。因为只有在宽松、自主的环境中，其艺术灵感的出现才是必然的。思维活动中所产生的偶发现象是艺术创作的重要环节，是学生获得创作的途径。

创新性思维具备若干基本要素，如求异思维、求同思维、直觉思维、灵感思维以及创造性想象。创造性思维是设计学科学生基本思维活动的特征之一。教学具体的实施过程也是教学内容与教学手法的创新过程，教学内容上设置道具写生训练中具有现代性、抽象感与学科方向相联系的静物组合设计。例如，建筑学的物象内容更倾向于结构、空间与形态的研究；规划学的静物写生内容则是以整体观与全局观的观察与思维的训练，同时对城市肌理与文脉的关注，也是作为训练的新课题；景观园林专业，我们则需要更多地尝试东方美学的意境营造，将水墨画的表现融入教学中。教学手法与教学方法生成更多需要重新调整甚至颠覆而展开的课题，并且在教师带领同学们的探索与摸索之中，逐渐形成被同学们所接受和掌握，且学生们所学到的方法与手段也因人而异，这便很好地体现了因材施教，因人所得的教学效果。例如，“刮画纸”是同学们较快获得进入形式感的理解与创作的表达媒介。作画过程中，它能保留底色，使画面产生黑白与色彩对比的关系，减少学生在作画过程中容易纠缠描绘过多明暗层次等问题。宽笔快速表达手法引入教学当中，是让学生表现物象中抓大关系与大节奏。但此法不作为唯一表现对象的手段与方法。同时，让同学依据自己的感受与认知来融入个性化的手法，甚至生成全新的描绘方法。鼓励同学在使用多样性工具的同时，在媒介上大胆使用。此外，电脑绘画软件是现代创作的手段，应用在艺术创作课程中，很大程度提高了学生的创作热情与趣味性，特别是在色彩表达课程中能迅速地将颜色的组织与色调的类型导入电脑进行处理与选择，此方法避免了学生在创作过程中，过多地通过手绘的描绘带来技巧使用不当而退却的现象。将主要的精力集中在创作思维上的解放，解决了不是怎么画，而是我想表达什么。通过以上不同环节的推进与实践，很好地解放了学生以往过于依赖“形”的束缚。而创新思维与创造意识，通过教与学方式方法的改良与创新，进而更大地激发了学生创新思维新空间。

“3+1”是教师在日常美术教学模式中教师依据各自教学特点及学术方向展开自由发挥与自由生长的现状。

## 三、开创艺术实践基地

开创艺术实践基地是另一个主线。在设计基础学科课程内设置了“艺术造型”环节，并开创了“艺术教学基地”，是以院系层面的构建与设计学科相适应的现当代美术教学试验与创新，其特点：

（1）可面向一至五年级本科生和研究生开放，学生依据自己的兴趣点，自行选择(有些课目必修课)。

（2）由设计专业和美术专业共同承担

授课任务，完成同一环节“艺术形态与创造实践”课程。

（3）将教学空间延伸至社会。在江苏、安徽、浙江及上海松江、浦东等地联手建立相关艺术实践基地。

（4）建立面向海外及我国台湾地区暑期写生游学基地。进而从学院教学机制支撑美术教改从纵深方向的推进与改革。

## 四、海外（台湾地区）写生基地创立

欧洲暑假实习计划开辟了瑞士、意大利、西班牙、法国等海外城市与乡村写生之旅，创立美术老师与建筑老师联合指导学生阅读城市、感知生活、艺术表达的创新与试验式教学模式。同时以西方美术史与当代艺术研究为学术视角展开卢浮宫藏品分析研究工作营与德国当代艺术工作营。在一系列国际化艺术实践与教学访问的美术教学拓展进程中，国内建筑学设计院校中推行“开放与多元化”教学改革可谓是先行与开拓者。历经六年（新学年教学任务也即将推行），成果斐然，艺术教学理念与执行力，堪比国内一线艺术院校，把同济大学美术教育推进了更高层面。

2014年同济大学中外(含境外)联合培养双学位启动，学院与台湾逢甲大学就暑期美术实习达成共识，笔者作为艺术实践的执行者之一参与此项“营造之美”台湾环岛写生之旅。如何在完全陌生异地环境展开美术教学实践，显然有别于本地常规暑假实习。

以直观认知、心灵感悟、艺术表达等体验式为教学模式贯穿整个教学之旅。“游”是此项实习的重头戏。“游”中认知，“游”中感悟与“游”中视野拓展等。犹如石涛所言：“搜尽奇峰打草稿”。方有感而发的艺术表达。

具体的教学环节分为两个部分。

（1）以记录，以再现。

（2）以感悟，以表现。

“以记录，以再现”是学生进入写生现场，直面客观景象，运用写生工具，直接描绘与记录感性的对象。它要求以再现此时此地的直观感受，处理好光影（台湾多为日照强烈的地域）与质感的素描关系及色彩关系。其目的是检验同学们通过近两年美术学习所获得的造型能力，体现了眼、手、心相协调的基本能力，同时是技能与技巧手段日臻成熟的呈现。

我们的目的不仅限于技能的传授，“以感悟，以表现”是前面一环节的延伸与拓展，是同学们在环岛写生之旅后。通过对宝岛台湾的视觉所见及心灵感悟，在整体上形成的台湾印象与认识，而这种认知涉及地域的特色、自然风光、建筑样式及人文传统等方方面面。这些鲜活的经验称为以感受，以表现这一环节的新视角、新视点，为创作表达开启并提供了开放与多元思路源泉。如果说在第一环节中，思维特质是常规的、单向的、定点视角的。那么反常规、多向思维和移动视角则将在表现环节中充分运用。在以记录，以再现的写生中更多地强调绘画性、多因素效果的追求。注重结果，感性与共性。而以感受，以表现则注重培养设计意识，强调分析，推敲与判断，注重过程，理性与个性。从而，我们不仅可以获得良好的造型能力，进而更加锻炼了对常见事物的感触中获得美的感知力与艺术个性的表达力。

## 五、同济大学通识教育课程中美术教学情况

目前，在职的近20位美术教师为全校开设的选修课程有素描、陶艺、篆刻、水墨、雕塑、工笔画、宽笔速写、色彩表现及中外美术史近18门。近几年，教师们在教学内容、教学形式及教学方向上有以下两个方面的转变：

（1）原先以教师自身专业方向和特点定位的教学模式，转变为以公共美术教学学生特点为主要研究定位的教学模式。

（2）以往美术教学的内容传授上更多的是以西方古典及西方现代各绘画流派的基本技能和知识。如今逐渐向以研究中国传统美术及当代中国艺术特征在高校公共美术教育中的作用和地位转变。教学实践中，更加注重中国传统美术的传承与弘扬。

## 六、总结

同济大学美术从半世纪前辈先行者涉洋跨海，成为近代西方艺术“盗火者”。在初蒙西方文明的中国土壤点燃与传播西方绘画经典精髓。而他们的后继者则在前辈传承薪火中寻求在专业血脉与中国绘画精神相融合，服务设计学科教学的同时，凸显其艺术语言纯度与学术价值，为提升师生修养与助力学科思想发展，功不可没。在新世纪进程中，特别是全国性院校整合与调整中，同济大学美术师资群体已达到了历史上规模最大、跨入美术多学科、多元性开放式的教学生态。艺术当随时代，基于设计学科的美术教育推进演变也各领时代主题，但同济美术教师秉承前人探索求知足迹在教学观念、教学方向与手法试尝与拓展更多可能性。尽管有彷徨与观望，更有奋进与求索，但仍以构建新时期的设计学科的美术教育模式为己任，发挥其应有作为与价值。築·美

注：图 8~图 13 作者为同济大学 2018 级景观 1 班全体同学（指导教师：何伟、王宇慧）

何伟　同济大学建筑与城市规划学院，副教授

参考文献

[1] 吴志强. 百年校庆美术五十五周年作品集[M]. 上海：同济大学出版社，2006，94-96.

[2] 阴佳. 创造与实践——艺术形态生成[M]. 北京：中国建筑工业出版社，2010，1-7.

[3] 廖军. 视觉艺术思维[M]. 北京：中国纺织出版社，2000：4-11.

# 综合性院校素描教学研究

文 / 李德嘉

《老屋斜阳》 李德嘉

素描课程在造型艺术通识教育中占据着重要的位置，是造型艺术的主要课程。从造型艺术的自身规律以及学院艺术教育的发展看，素描教学始终与造型艺术紧密相联。艺术家造型观念的确立、造型能力的培养、艺术家想象力的开拓，无不通过素描教学与素描实践来获得。“素描是绘画、雕塑、建筑的艺术之父”这意味着素描自身包含各学科、各画种之间不可或缺的基础因素，对于这种共同基础因素的学习与研究是素描教学的核心内容。对素描基本概念与功能的准确理解与掌握，是素描基础造型训练重要的第一步，课程通过理论课与实践课的配合教学，使学生在理论层面上对素描的概念内涵获得正确的理解。在实践环节上对素描的目的、任务、方法有实际的体验。这样，以总体的方式设计教学，有利于深化学生对素描本质的理解。有利于拓展学生对素描与生活、素描与绘画、素描与设计关系的理解。有利于学生从整体上了解素描与各专业的实践环节，为以后的学习打好基础。

素描课是美术学、设计学、建筑学专业的学生入学后最基础的专业课程之一，而且在四年的本科学习中占有很大的比例，因此加强素描教学基本规律及审美意识就成为素描教学的主要课题。素描的核心任务是造型。素描的观察、起稿、深入细致的刻画过程是由客观形体到艺术形象表现创造的过程。有什么样的观察方法就会有什么样的表现效果，观察是首位的，表现是第二位的。教学实践中出现的问题往往是：学生作画时动手多，动脑少。教学也应是两个方面的工作：一方面，教师的主导作用，教师通过各方面不断引导启发学生提高自己的审美能力，同时要加强素描课中基础理论的教学；另一方面，需加强提高学生的素描概念，加强审美感受的引导，这是提高素描教学质量的首要任务。当今世界各美术院校的素描教学虽然样式很多，但影响最大的还是两大体系：一个是西方传统的学院派素描体系，另一个是富有中国文化传统的素描教学体系。

《涅瓦大街的黄昏》 李德嘉
《青岛天主教堂》 李德嘉

基础素描教学的目的只有一个——造型。素描教学的基本任务是培养学生的艺术感受能力和艺术表现能力，这分别是两个方面的任务。艺术感受能力的培养是教育学生能用艺术家的眼睛敏感地去分析判断客观对象的形体、结构、特征。表现能力是培养学生对艺术的规律法则熟练掌握的基础上能重新安排、组织并改变客观的自然形态，使之具有艺术造型意义的能力。既要注重一般的共同规律，又要重视不同专业的特点。

综合性艺术院校设有绘画、雕塑、摄影、环境设计、平面设计等专业，他们都将基础素描课程视为专业必修课（素描一：石膏几何体、静物；素描二：人像写生）。学生除了在课堂上对形体的结构、透视及素描的基本规律学习外还专门设置了外出实习、建筑场景速写、素描写生等训练。从而锻炼和提高学生对建筑素描的表现能力。提高对建筑绘画的综合素养，为高年级的建筑设计及毕业设计、毕业创作打好坚实的基础。

素描是视觉艺术，其表现形式多种多样。从现在建筑学院的美术教学要求来看，也有各种风格的样式和表现手法，有注重明暗调子的，有注重线条表现的，也有抛开光影明暗的结构素描等。在使用工具方面也有较大的自我选择空间。为快速表现建筑的设计图稿，源于专业特点的需要，素描训练时可提倡工具材料的多样性、灵活性。建筑素描往往是在铅笔或钢笔线稿的基础上进行着色，常见的速写、素描表现画法有：铅笔淡彩、钢笔淡彩、马克笔、彩色铅笔、水彩笔等。同时，也可以结合电脑进行上色，以达到既有电脑绘画的真实性，又具有手绘艺术的独特性的画面效果。各种不同的教学形式与新媒体都是贯穿在整个素描教学实践活动中的。素描工具材料选择运用和技法的研究也是素描研究的一个不可分割的整体。

现代素描教学观念的确立体现在素描教学的安排上，目前各院校普遍实行的是从石膏、静物开始入手再到人像、风景等循序渐进的传统教学方法，具有一定的系统性。学生在这些课程中虽然表现对象的能力提高了，但捕捉对象的敏锐性、艺术感受能力却因此降低了。因为教学内容的单一，素描上要解决的基础问题也未能全面解决。在教学实践中发现，有些课程的研究采用针对性更强、更实用的对象，似乎更有效一些。在我带领的艺术考察实践课中，同学们选择写生古典建筑，如：西安大雁塔、小雁塔、钟楼、鼓楼、城墙等。还有部分同学选择了用素描淡彩的表现形式描绘西安曲江新区、高新区等现代建筑。学生面对庄严宏伟和具有浓厚文化特色的古代建筑感受很深，绘画热情极高。面对极具悠久历史的文化遗产和代表性极强的古代建筑，学生完成的写生作品既深入细致又丰富多样。不仅训练了造型能力和透视的实践应用，还充分调动了学生的艺术感受力，而且提升了学生的艺术审美能力和艺术表现能力，并为日后的创作收集了素材，奠定了良好的基础。

近几年，我一直从事综合性院校的素描基础教学工作，在教学实践中承担了各种不同专业方向的素描基础教学任务，有美术学类、设计学类、建筑学类。面对不同学科的教学任务，当然不能千篇一律地用同一种教学方法和教学内容。应该根据不同专业特点具体调整教学理念，如何做到因人而异、因材施教，这是综合性院校素描教学面临的最实际的问题。

艺术院校的素描教学就是要学生利用素描这一绘画形式，表达眼睛看到的和内心感受到的世界，为各专业服务的素描也就是我们通常所说的基本功。素描在各专业课里都有其自己的注重方向，在建筑专业里也不例外。因为建筑学、风景园林等专业中的诸多问题需要在素描中解决，其中有两个最重要的问题：一是怎样认识理解建筑物象，二是怎样描绘表现建筑物象。也就是怎样认识建筑造型空间、结构变化等问题。在分析研究理解建筑造型结构时，我们可以采用很多种方法，但最终目的是认识和理解形体的本质。我们可以利用分析研究结构关系、体面关系、光影明暗关系的变化观察，理解形体，用水平线和垂直线比较来观察理解，还可以用多视点、多角度的观察，来确定形体的空间结构。

建筑专业的素描基础训练，有其自身的需要和特点，从内容来看建筑有表现鸟瞰的城市规划图，古代建筑、现代建筑、教堂、钟楼、乡间别墅、古老民居等，而表现形式除了我们应具备的素描艺术

《夕阳下的涅瓦河》 李德嘉

特点外，往往还以具体的形象表达作者对真实场景的体验，以此来设计、表达、描绘自己的感受。这需要表现建筑的形体特点、结构特征、空间关系及建筑与环境的主次关系等。因此，建筑专业的基础素描要求相对写实的表现手法，客观真实地再现建筑，也是建筑专业对素描课程的基本要求和专业特点。我们可以考虑在素描教学中略去或淡化某些要素。而强调突出某些对建筑设计类专业来讲更为重要的因素，如结构关系、物理形态、几何形式、节奏感觉等。中国传统的绘画如线描就是如此，越是单纯简洁，效果就越强烈。目前设计类素描涵盖范围很广，如工业设计、印刷设计、环境设计、建筑设计等，其教学目的除了培养美学及审美素质方面有共通之处，与绘画类教学有很大区别。设计类素描更注重研究物象的本质，即更为重视表现物象的结构性、表现性与单纯性。

我也曾担任过好几届艺术学院绘画专业的毕业创作指导工作，学生虽然到了四年级，已经开始进行毕业创作实践了，但在他们的作品中明显暴露出了许多问题：有些作品无论在内在精神的表现上、形象的刻画艺术语言的运用上，包括环境的透视关系都有很多问题和不足。即便是比较好的作品也存在一定的缺陷。有些作品中的人物形象刻画得不够深入细致，显得有些表面，感觉好像没有画完。有些作品艺术语言的运用显得生疏，甚至连基本的造型也不准确。对照研究中外优秀作品，就会发现大师的作品中那种对艺术语言自然流畅的运用，对形象精致入微的刻画和简练生动的概括，为我们学习和传承留下了极为精彩的范本。

在几年教学实践中我也清楚地看到，现在的学生知识面广，思维活跃、敏捷，接受新知识能力强，他们可以通过各种媒介看到世界各地最优秀的艺术作品，为学习借鉴提供了方便。同时他们也都具有一定的独立思考能力，有自己的想法，如果他们能多重视素描基础练习，再刻苦勤奋一些，整体水平一定会有更大的进步。素描造型基础属于实践性专业，因此需要付出大量的时间进行实践，更需要大量的课堂和课外素描、速写练习。想要做到得心应手，长期严格训练是必须的。当然，现在的青年学生知识面广，接受知识传播是多渠道的，但在课堂素描教学中也必须认真钻研并进入学习境界。只在课堂上进行素描习作练习是不够的，素描训练应该延伸到课外，应该随时随地地画。要想素描功底扎实还应该画大量的生活速写，平时用眼睛观察也是在画，在训练，并用脑分析研究眼前的对象，任何时候我们都不要忘记用造型的眼光观察一切。要养成随身携带速写本的习惯，方便随时随地进行速写素描练习。另一方面，随着素描教学内容的逐步深化，对教师也提出了更高的要求，教师本身也需要不断学习新的知识，不断提高理论知识和实践经验。这就需要我们教师不仅要研究理论，还要用一定的时间自己动手画，只有自己对素描的艺术规律、造型语言体会得比较透彻，把握得比较准确，才能在教学中很好地担负起教师的职责，在教学实践中真正发挥教师的主导作用。另外，学生接受新知识反应敏锐，没有条条框框的约束，他们的作品生机勃勃、清新自然。画面中蕴藏着许多难能可贵的元素、气息。因此，在分析研究学生作品的同时，应向学生学习，经常与学生交流沟通，建立良好的、持久的、教学相长的学风。

为了确保素描教学水平的提升和教学质量，我们基础与理论教研室对教师制定了具体的授课要求。1. 课前准备：（1）要求任课教师要深入研究、理解课程教学大纲，按照大纲所规定的内容充分备课。（2）制定授课计划书，经教研室主任审核方能开课。（3）提前准备教案、范画、教具。2. 授课：（1）每天按时考勤，加强课堂纪律。（2）注重理论与实践相结合，要求学生完成大纲规定的实践作业。还应完成学术感想、心得体会等小型论文并及时讲评。（3）注重课内外相结合，要检查每天或每周所布置的课外作业并予以及时讲评，以期收到较好的效果。（4）注重写生与临摹相结合，注意引导学生在写生作业之外要临摹一些与课程内容有关的优秀作品。3. 结课：（1）课程结束后，拍摄作业图录、按时提交电子文档。（2）填写授课总结、提交成绩表。（3）优秀作业留校收藏。

素描教学方法的研究改革已经历了多次，教学理念及教学方法的改革必须从教学实际出发。近几年更侧重教学实践的有效经验：过去的优秀传统不能丢，严格扎实的基本功不能放松。认真研究分析西方现代的教学理论及表现方法，但一定要结合我国改革开放后的现状，不能教条也不能照抄。面对西方的教育理论也要分析研究后有选择地利用吸收，把最先进最优秀的精华学到手，并落实到教学实践中去，始终走在美术教育的学术前沿。当下我们已经初步形成了具有中国教育特色的素描教学体系。吸收西方的教学经验是为了使我们的素描教学体系更加完善，并继续坚持发扬我们在素描教学中的优良传统。

在素描教学实践和研究领域，我国的高等院校素描教学水平已经有了很大的发展和提高。过去的单一化基础素描教学给我们带来过负面影响，多元化的素描教学有助于艺术教育事业的可持续性发展。在新时代背景下与文化自信的今天，我们如何总结思考过去的教学经验，发扬和继承我们在教学实践中的优秀传统，广泛吸收外来文化的营养，更加深入地研究探索继承素描的新理念是我们今天的当务之急。筑·美

李德嘉　西安建筑科技大学，博士

# 基于实践型教育背景下的环境设计专业人才培养模式创新与实践

文 / 李帅　刘健

**摘　要：**在当前形式下，全面推进素质教育，培养实用性、实践型人才应是高等院校发展的首要使命。因此，更新教育观念，深化教育改革，构建高校实践型人才培养模式，将是高等教育发展的必由之路。本文通过分析高等院校环境设计专业人才培养现状及存在问题，阐述了如何改革和创新现有人才培养模式、重点开发多元化课程体系和突出“双师型”教学团队建设，通过实践探究和建立产学研结合合并具有创新特色的环境设计专业人才培养模式和教学体系，以培养社会需要的环境艺术领域高技术技能型应用人才。

**关键词：**实践型教育　环境设计　人才培养模式　创新　实践

随着社会对环境设计人才需求的不断增长，构建适应现代社会发展趋势和客观要求的高等院校环境设计专业人才培养模式，有着重要的理论意义和实践意义。所谓人才培养模式，即依据人才培养的目标和质量标准，为培养对象设计知识、能力和素质结构以及实现这种结构的方式。从实践型教育的角度来看，人才培养模式的改革与创新应该从目标定位、培养水准及实施策略等诸多方面着手，探究科学合理、贴近实际和卓有成效的崭新构建模式。

环境设计专业作为一个新兴的专业，似乎越来越显示出它独特的魅力，目前已成为令人倾心的行业之一，社会需要大量的环境设计（室内方向和景观方向）专业人才。对于高等院校培养的环境设计专业人才来说，他们不仅需要具有理论的艺术设计基础，更需要有良好的创新意识，在设计中发挥创作的灵感，培养出更多具有高素质和修养的复合型专业人才。环境设计专业人才是艺术内涵、科学内涵与文化内涵皆备的具有高度思维能力与创造能力的复合型人才，不再是单一的专业知识和专业技能型人才，他们具有多学科知识的综合能力与掌握现代技术的能力和更深入地了解和批判地吸收多元文化能力。从生源和就业两个方面看，继续办好环境设计专业是大势所趋，是社会发展的必然条件。目前，社会对环境设计专业人才的需要，已经呈现出多规格、多层次、多样化的特点。因此，提高人才培养质量，是高等院校教学改革与发展中需要创新与实践的重要课题，是实现培养社会所需要的高素质实践型人才目标的主要途径。

## 一、环境艺术设计专业人才培养模式现状分析

目前，我国开办环境设计专业的高等院校主要有两类：一类是综合性学院，另一类是艺术性学院（含职业教育本、专科），各有侧重和特点。这两类学院的学生，在学习中所掌握的知识和技能其实仅仅是专业的开端。由于学生的差异性和教学的差异性，将来每个人发展方向也会有所不同，但各自都会寻找到相应的位置，无论是哪一类学院培养出来的学生，均是市场对人才不同需求的反映结果。因此，在教学结构和课程内容上要提供给学生符合行业建设与发展的职业技能知识。随着改革开放给国家经济建设带来的巨大变化，尤其是建筑行业（以房地产为主）的振兴与高速发展，使我国延续了近三十年来仅靠一部分高等院校培养环境设计专业人才的局面很快被打破。

然而，面对我国环境设计教育现阶段呈现出来的这种蓬勃发展态势，许多在发展进程中遇到的问题，还需要我们加以认真分析与冷静思考。随着近年来国内城市公共环境建设的兴起，在实践型教育背景下想要办好环境设计专业，必须与建筑学、风景园林等相关学科和专业相结合，并将其作为未来学科发展的支撑与依托才能有利于人才培养，这就为环境设计专业的发展明确了新目标和方向。在对学生的培养过程中，环境设计专业应该在教学、科研和生产三个方面结合，改革和创新现有传统的人才培养模式，建立具有实践型的专业课程体系，才能适应目前社会经济发展和产业转型升级的需求。

## 二、开发多元化的课程体系

建立多元化、与时俱进、反映社会对人才需求方向的专业课程体系，对于高等院校的人才培养模式是非常有必要的。针对目前市场人才需求的差异性，开发多元化的专业课程体系，能够体现环境设计专业与行业发展相结合，具备实用性和实践型。环境设计专业按照行业企业人才规格要求和职业资格标准，按岗位、能力、课程的流程，确立课程模块，以环境设计岗位（如室内设计、景观设计、建筑设计等）能力为目标，以职业活动为导向，以企业实际设计项目为载体，通过单项项目训练、专项项目训练和综合项目训练，按设计定位构思、设计效果表现、方案实施与施工管理的工作程序进行课程设置，构建“实践型”的专业课程体系，主要体现了突出职业能力的课程标准，“教、学、做”(即项目化的教学方法，组织以及学校、企业、学生等多元参与的考核方式，突出融入职业知识学习、职业能力训练和职业规范行为于一体的专业课程特色。

课程是专业人才培养的主要载体，高等院校环境设计专业的核心课程可以通过教师与企业、同行专家共同进行课程分析，制定教学大纲、融入职业元素、设定教学环节、研究授课方案、提出质量标准和考核标准。在课程教学方法上采用行之有效的项目教学法，在课程内容方面,反映技术新成果、新趋势，着眼于对实际工程项目设计与施工技术问题的解决，体现实践型特色。而在实训实践教学上，共享学校与企业资源，将教学、科研与生产实践有机结合，推动教学内容和教学方法开展全面改革，并且以此为基础开发系列国家级和省级精品课程、国家级和省级规划教材，最终形成良好的教学科研成果。

## 三、落实阶段性教学检查制度

为进一步规范高等院校整体教学秩序，环境设计专业在学年和学期的教学检查中，应深入课堂了解教学情况，及时解决教学及其管理所存在的问题。针对检查当中发现的问题，以例会的形式与任课教师进行研究和讨论，并进一步提出可行方案，使教学质量进一步提高。在教学过程中，加强教师与学生互动，注重人才培养模式的优化与完善，才能够加强学生的创新精神和实践能力，提高学生自主学习、合作学习、探究学习的能力。同时，教育教学理念必须发生实质性的转变，由重视讲授知识和考试分数转变为重视引导学生学习兴趣和理论结合实践的素质型教育；由重视学生快速记忆能力转变为重视引导学生理解和创造能力；由重视学生掌握书本知识转变为重视让学生联系社会生产、生活实际多角度地考虑问题和灵活地解决问题。

## 四、组建“双师型”教学团队

“双师型”教师具有较好的实践教学能力，并能在行业一线的市场化运作中，很好地掌握和应用新技术。“双师型”教师是高等教育师资队伍建设的特色和重点，作为独立学院应该大力加强“双师型”师资队伍建设，为配合产学研结合人才培养模式的实施，组建“双师型”教学团队，能够体现“校企互补、内外一体”的特点。具体做法：一是从企业引进部分具有丰富实战能力的职业资格人员到院系任教，充实内部教师队伍，如中高级室内设计师、景观设计师和建筑设计师等；二是推荐骨干教师到企业做兼职或在企业担任设计师等职务，承接与专业核心课程相关的项目，并运用于课程中开展项目教学；三是大力支持青年教师负责工作室的相关工作，通过工作室这一实践平台提高教师承接项目的能力，能够带动学生参与项目；四是积极鼓励教师到行业和企业中培训，根据相应的政策，通过考核拥有扎实的理论基础和雄厚的学历背景，不断地为自己充电。除此之外，还要加大校外实训基地专业技术人员的聘用力度，聘请校外高级职称的教师担任校内项目教学指导教师、校内生产性实训指导教师、校外实训指导教师。针对引入兼职教师参与教改项目，使内部教师全面了解教改项目的研究内容和应用价值，提高其教学能力，让环境设计教学渗透到实际中去。

## 五、完善专业实践教学环节

人才培养目标通过教学来实现，人才培养目标不同，教学内容和教学方式也不同。高等院校在课程内容方面侧重于理论知识的传授，忽视实践环节。应用型人才培养要求学生既要有扎实的理论知识基础，还要有较强的实践操作能力。因此，环境设计专业在教学中应该加强实训实践教学，突出学生的操作能力和创新意识，提高学生的岗位工作能力。环境设计专业是一门实践性较强的专业，实施校企合作人才培养模式，建立配套的管理体制，能够成为应用型人才培养的主要途径并发挥其价值。以实际工程项目设计为引领，通过具体任务驱动，在实践教学中以考核评价的方式，及时发现问题和解决问题。环境设计的项目化教学，通过学生小组分工与研讨、组织学生现场调研、根据收集资料确定设计主题与风格、制作草图方案、完成任务书等环节，目的是培养学动手和动脑的能力，可以让学生通过参与实际项目的开发与设计，加强学生团队合作与创新精神，提高实际动手操作能力。

作为艺术设计与现代信息交叉融合的研究范畴，环境设计专业有着丰富的内涵因素和广阔的发展方向。在实践型教育背景下，构建具有环境艺术设计专业特色的人才培养模式，是时代发展的要求，是高等教育的需要，这种人才培养模式的创新与实践不仅能够改善教学环境，提高教学水平，促进学科发展，同时还提高了学生的综合素质和能力，保证应用型人才培养的质量，扩大了学生的就业空间和社会认同。与此同时，我们还要对环境设计专业的人才培养模式不断地进行改革与创新，为社会和行业培养出更多的高素质技术技能型专门人才。筑·美

李帅　广东碧桂园职业学院
刘健　广东碧桂园职业学院

参考文献

[1] 谢志远. 艺术设计专业实践教学体系的构建与实践[J]. 中国大学教学，2006.
[2] 骆萌. 探析二十一世纪高职高专艺术设计教育改革[J]. 理论观察，2009.
[3] 吕勤智. 环境艺术设计专业建设的定位[J]. 高等建筑教育，1997.
[4] 刘玉立. 环境艺术设计专业教学实践课程思考[J]. 教育探索，2003.

# 匠心谈艺

On Art

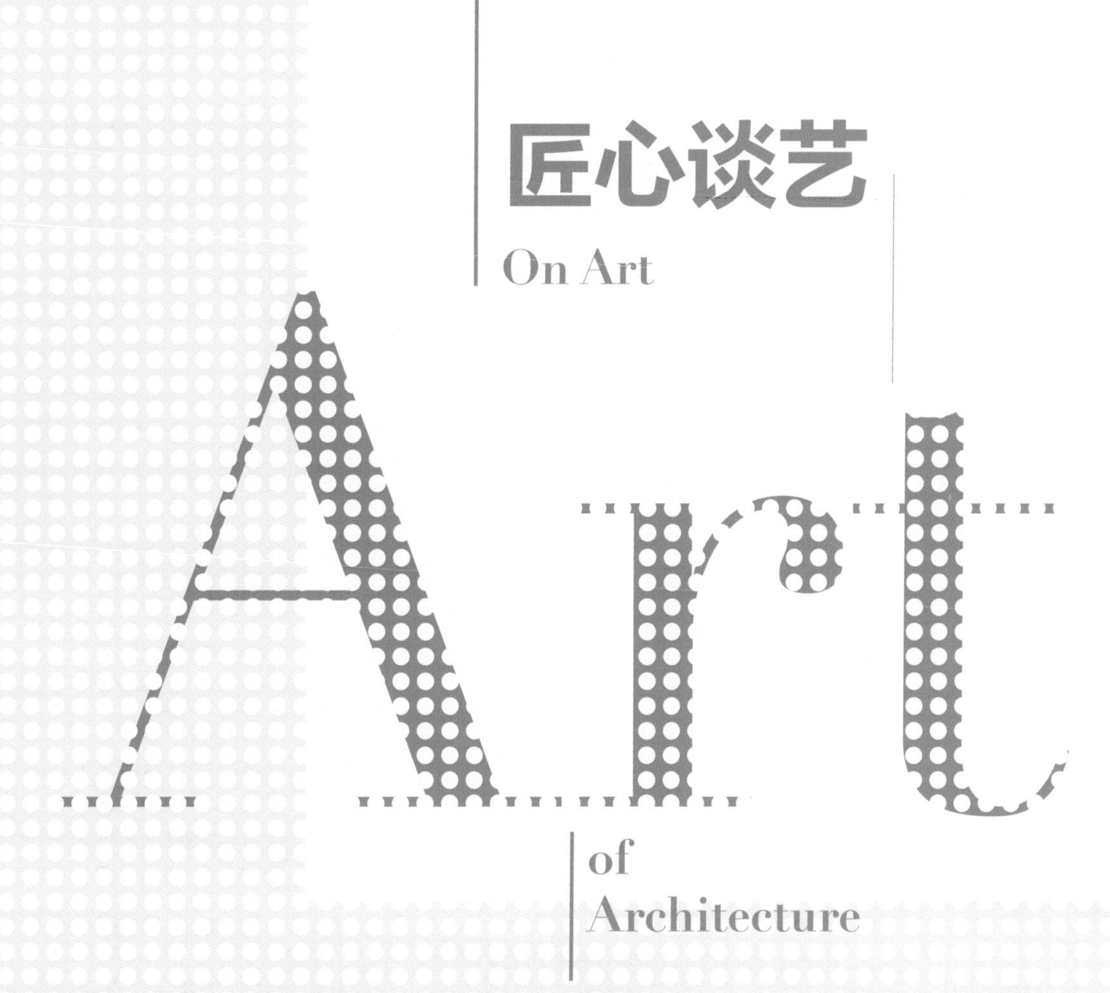

of Architecture

# 形态构成与灵感缘起
## ——造型艺术实验课课程实践（以太湖石为例）

文 / 王冠英

**摘　要：**艺术造型实验课是上海大学上海美术学院建筑系为丰富学生的知识视野所开设的实验课程，也是美术教师参与建筑基础教学的一种尝试。本文介绍了作者在开设这个实验课过程中以太湖石为例所做的一个课程设计，希望对初学建筑的学生有所帮助。

**关键词：**建筑美术　实验课　太湖石

形态的研究与学习是建筑专业不可或缺的组成部分，建筑的表达最终必须依赖其外在的形体来得以呈现，对形态艺术感的把握是为了呈现完美的建筑形式。

在建筑美术的基础教学中，我一直在思考这样一个问题：学生怎么样才能从简单几何形体的扭动和切割中，从获得形态构成的思路中解脱出来。教学实践中，我意识到了学习建筑的学生大多对空间形态的建立没有概念，无法建立相对有美感的形态，在创造空间时缺乏灵感和想象力。原因在于：第一，在进建筑系之前没有接触过这种训练。第二，由于课时所限，在简单的几何形态空间训练后无法再进行从自然形态转换成抽象空间艺术形态的训练。这就要求我们设计出适合建筑系学生特色的实验课程，来弥补他们在形态构成上所缺失的能力，增强他们把自然形态转换成抽象艺术形态的能力。

这门教学实验课得到了建筑老师和学生们积极的肯定和支持。在教学中逐渐建立了自然形态转换为艺术形态之间的基本方法与原则。这里介绍的是其中的一段以太湖石为自然形态基础，如何通过学习与实践把太湖石的自然形态转换成艺术的抽象形态的过程，同时让学生了解中国的传统审美和现代形态设计之间的联系的教学成果。

## 一、课程大纲

### 1. 课程目的与要求

本课课程以自然物象（太湖石为例）为研究对象，是学生了解中国传统文化审美的一种途径，也是学生获得设计形态和创意灵感来源思维的重要入门课程。重点是引导学生到大自然中直接观察、研究、领悟自然形态。在此基础上去发现、提取、扩展应用自然的形态，从而研究自然形态与抽象形态的关系、形态要素的空间构成方法与审美原则，以及自然形态在空间的物理规律和知觉形态的视觉与心理规律，使学生在学习中始终主动把握形态设计的推演过程及设计创意的最终表现目标，在创新思维的前提下培养学生理性、科学的形态认识能力、感受能力和深度的创造能力，是培养学生创新思维与高水平专业设计素质快速有效形成的重要专业设计基础。

### 2. 课程计划安排

课程设置为五个教学单元，共20学时，在5周内完成：自然（太湖石为例）与设计的关系研究；自然（太湖石为例）与二维空间的设计研究；自然（太湖石为例）和三维空间的设计研究。

### 3. 各环节课程安排及作业要求

（1）了解太湖石

教学内容通过各种渠道让学生了解太湖石在中国文化中的地位、历史、审美、艺术的意义。选购一小块太湖石作为这次课程研究的形态缘起。

教学目的：通过太湖石让学生对中国文化历史及审美有初步了解。

课程内容：了解太湖石的审美标准和成因。

考核标准：要求不少于1000字关于太湖石的书面作业。

去选购一小块太湖石作为作业的基础和缘起（图1）。

（2）认知太湖石

教学内容：从不同的角度仔细观察和描绘太湖石，深入观察与研究太湖石的审美特点。

课程作业目的：培养学生对自然物象独特的观察提取与表现能力，训练学生融合造型要素。

课程作业内容：通过对太湖石由局部至整体的写生过程，去观察、研究、挖掘、归纳、表现该自然物象最具特点的形态构成方法；以自然形态元素为语言，以意象传达为目的，为后面的形态归纳做好感性的积累。

考核标准：不少于三个角度的精心素描（A4三张）（图2~图5）

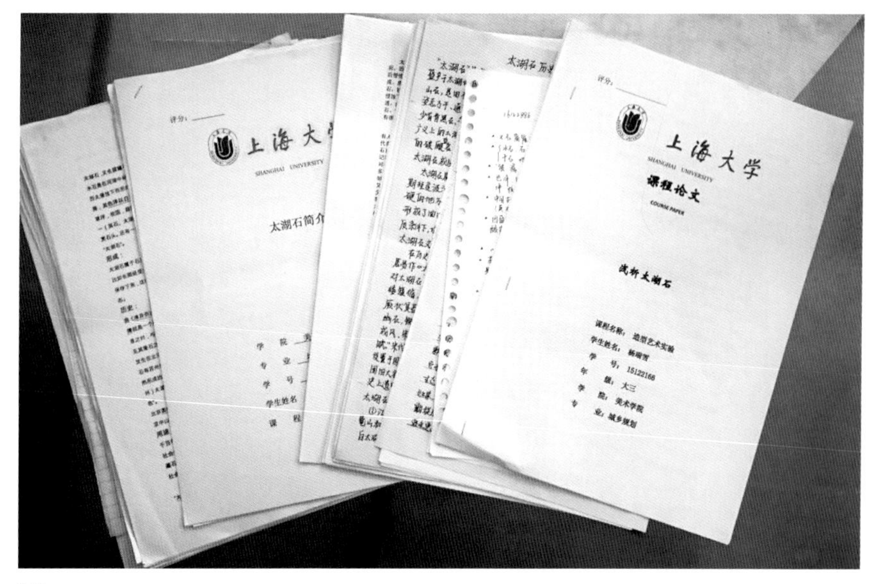


图1

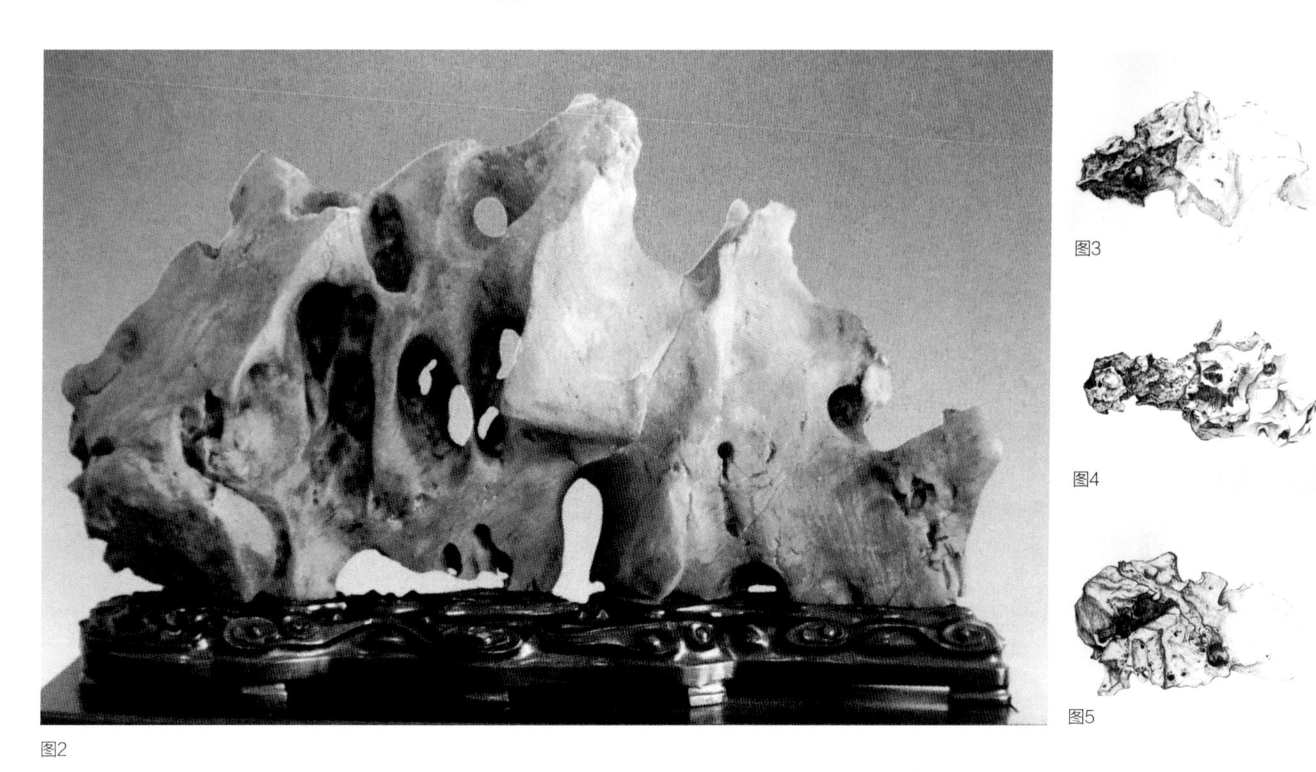

图2

图3

图4

图5

（3）归纳形态

教学内容：以“形态的归纳过程研究”为主。利用学过的结构素描知识，对太湖石的形态进行归纳、整理、提炼。前者通过对自然形态及功能特点的分析，引导学生认识什么是“自然（太湖石）”，什么是“形态的归纳”，以及“自然（太湖石）”、“形态的归纳”与设计三者的关系。通过对自然形态的解析，研究设计的形成和自然元素“设计化形态的归纳”的方法。

课程作业目的：掌握“三维空间设计元素与元素构成的方法”，扩展“二维造型思维的空间转化”，建立“三维造型的思路和相应技巧”，培养“三维空间想象能力和设计能力”，并加强对尺度、材料、结构的认识与体会。引导学生设计思路逐步由自然形态向归纳整理提炼后的形态过渡。强调三维造型中形态、尺度、肌理、材料、结构、光影等元素间关系的整体把握。

课程作业内容：以前述太湖石物象的形态特征为基础，分别完成三维空间结构的归纳与整理、三维空间造型设计。在设计中，要求能最大限度地发挥自然物象的审美特点，综合应用多种材料，合理设计结构，创造出具有各种空间表情的作品。

考核标准：在创意归纳整理形态结构的过程中，能准确理解不同维度空间的造型特点与构造方法，能较好把握创造多维形态空间尺度关系和多维空间形态的审美关系。从而完成自然形态向设计形态的综合转化和提升（用结构素描方法画出未来模型的草图）（图6~图8）。

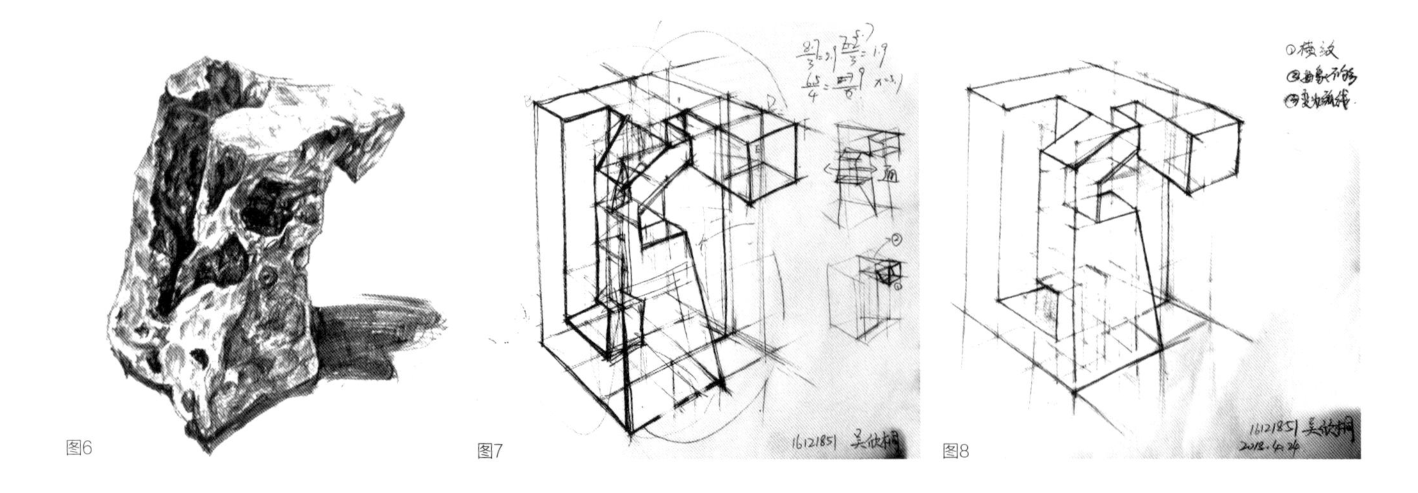

图6 图7 图8

（4）模型制作

教学内容：学生从二维的平面构思过渡到三维实物模型的过程中，体会到草图和实际空间的差异，讲授形态归纳构成的合理方法和基本规则。

课程作业目的：认识“自然（太湖石）是设计造型的基础——造型元素研究”；认识“自然（太湖石）是设计形态归纳方法的基础——设计原则研究”。

课程作业内容：自选主题进行“造型元素”和“设计形态的归纳方法”的研究与表现。

考核标准：能正确认识表现“自然（太湖石为例）”与“设计形态的归纳”的关系，能准确领悟表现经典设计形态的归纳中自然元素的存在形态与方式。作业以模型的方式呈现（要求底盘15cm×15cm，同时要呈现形体的缘起太湖石实物）（图9）。

4. 课程阐述

自然（太湖石为例）设计，是建筑艺术设计专业的基础课。本课程旨在引导学生认识“自然是启发设计师创作灵感的源泉”，注重培养学生对自然中所蕴含的形式美感的感受能力、观察能力和研究能力，以及将自然形态转化为创作灵感、提炼为设计元素的能力。

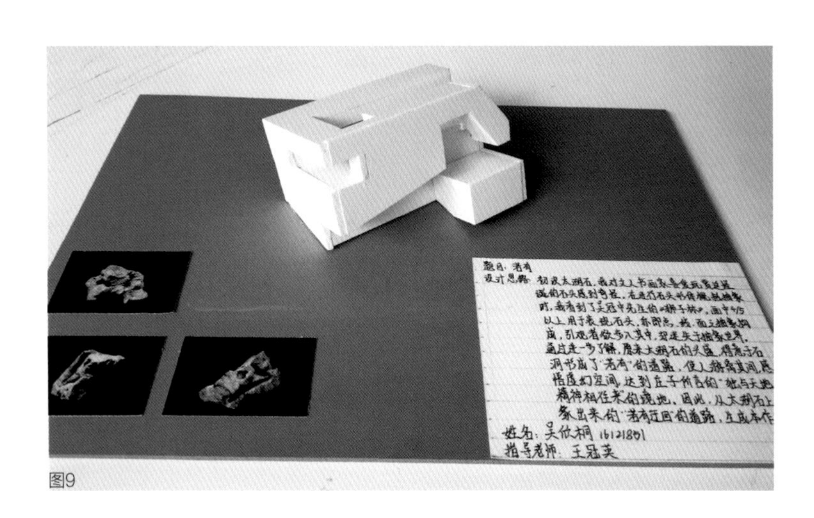

图9

课程分为四个教学模块：“太湖石形态的文化审美背景研究”、“太湖石表面肌理与结构形态的设计研究”“太湖石与三维空间形态的设计研究”和“太湖石与真实空间形态的设计研究”。

在“太湖石形态的文化审美背景研究”模块中，通过对设计案例的分析，引导学生认识到“自然”与“设计”的关系，以及自然元素“设计化”的方法。学生在“造型元素”或“设计原则”中自主选择课程作业的主题，通过大量设计作品与自然物象的研究，不断深化课题内容并予以准确表现。让学生了解认识到有时人们会赋予自然物体特殊的审美含义。

在“太湖石表面肌理与结构形态的设计研究”模块中，注重培养学生在自然物象中发现“设计美”，并将其转化为设计形态的能力。首先，由学生自选日常生活中常见的动物或植物作为研究对象，由整体至局部地观察、解析，并以写生小稿的形式就其最优美的形态进行表现。随着研究的逐步深入，学生常会发自内心地感叹：在这些普通的、熟悉的自然物象中居然隐藏着这么具有“设计感”的形态！有了深刻的感性认识和理性分析，再引导学生从具象的自然形态中提炼造型要素、创造新三维设计形态便是水到渠成的了。

“太湖石与三维空间形态的设计研究”在前述模块的基础上，从形态、结构、材料、力学等角度更为深入地研究“自然形”与“设计形”，改变二维造型的惯性思维，逐步建立三维造型的空间想象能力和设计创造能力，是本环节的重点及难点。为取得良好的教学效果，课程以“自然物象结构解析”、“从二维平面到三维立体构想”、“材料与肌理应用”等内容为主题，分别进行了针对性训练，以加强学生对三维形态及空间结构关系的理解和认识。

“太湖石与真实空间形态的设计研究”是与专业设计关联最为紧密的环节。通过从前面的形态、结构、材料、力学等角度深入研究基础上制作出三维的实物模型，完成“自然形”到“设计形”实物的转变，是本环节的重点及难点。以“材料与肌理”、“结构与光影”等内容为主题，分别进行针对性训练，以加强学生对三维形态想象向实物空间形态转化的能力。

本课程的创新点主要体现为文化性、专业性、研究性和自主性。其中，“文化性”体现为：太湖石在中国历代人们心中被赋予了浓厚的中国文化和审美色彩，极具特色。“专业性”体现为：教学内容关注建筑艺术设计专业的专业特性，强化三维形态创新设计与空间关系的把握。“研究性”体现为强化以学生为主体的个性化研究，课题连贯、系统，避免了以往建筑设计基础课中以知识灌输、技法传授为主的缺点。“自主性”则是在课程作业的设置中，最大限度地激发学生的学习兴趣，使其始终以饱满的热情探究建筑形态设计的规律及方法，取得了良好的教学效果，提高了学生的设计能力并开阔了学生的视野，在高年级同学那里获得了积极的反馈。

## 二、部分学生作业点评

1. 姚迪同学的作业（图10）

评语：

姚迪同学的作业分别以用透明的塑料片作为“骨骼与结构”、“结构与肌理”为主题，希望透过透明的肌理让人们看到了内部的形态结构，研究其内部结构与外部形态、材料肌理以及空间功能之间的关系。通过对太湖石和设计作品的解剖与分析，作者发现自然界很多优美形态的根基是“结构”。它们不仅是支撑外部形态的必需，同时也因其存在的“科学性”而独具审美意味，因“用”而美，非因“美”而美，这既是自然的启示，也是现代设计的追求所在。

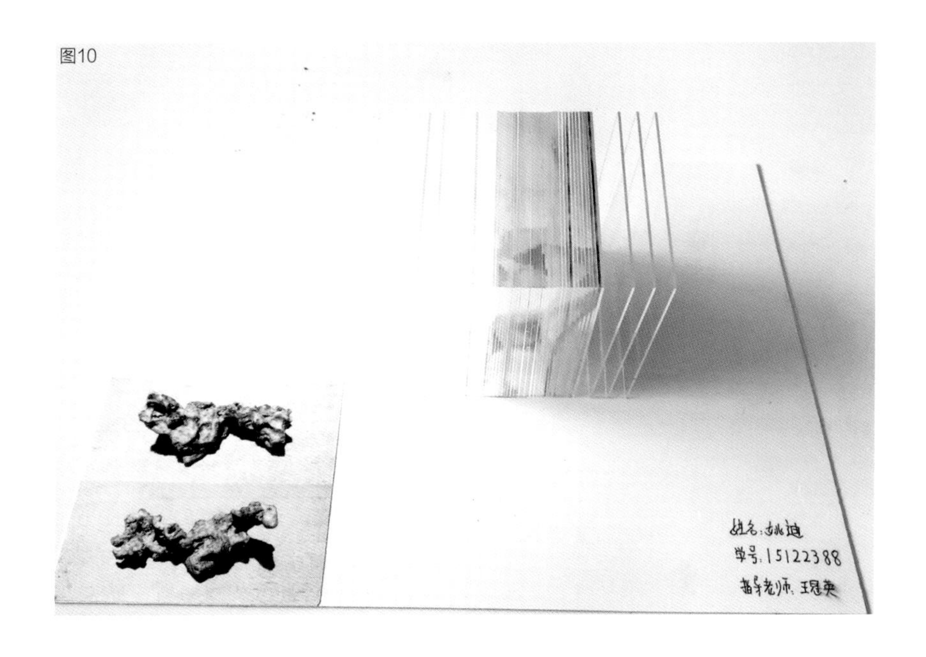

图10

2. 吴欣桐同学作业（图11）

评语：

吴欣桐同学用的太湖石形态很小，但却隐含着异常丰富的形体结构。她将石头标本进行细致地解析、表现，展现了一个有趣味的形态。利用形体关系、材料结构进行空间表现，形态复杂、变化丰富，巧妙地应用简单的结构构成层次分明的空间关系。

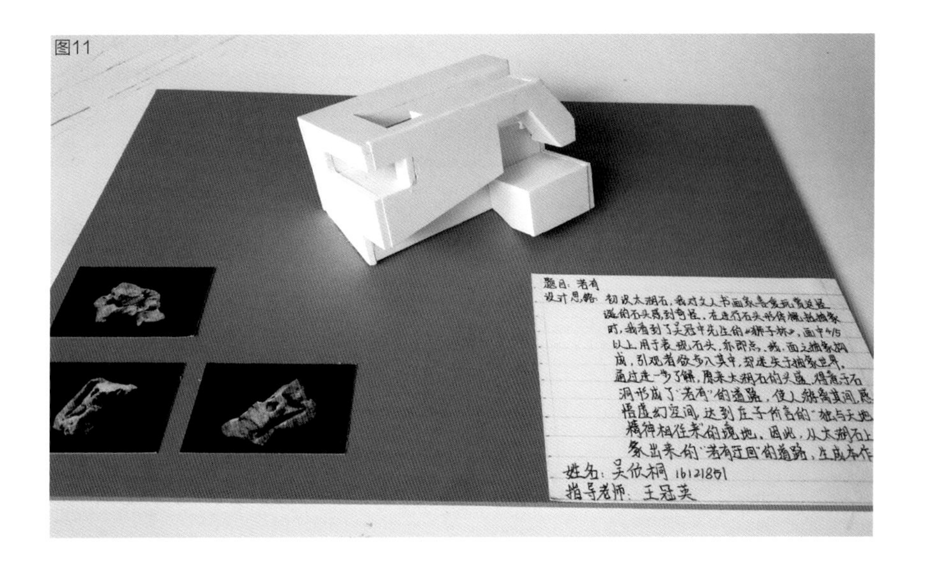

图11

3. 李雨秾同学（图12）

评语：

太湖石，多变的形态形成强烈的线性美感。将太湖石细致地解析之后，会发现极具序列美感的线性造型背后，是浑厚的体块及体块的空间累积。如何更为深入地研究太湖石的内部和外部形态、分析其空间及内部的结构和关系，是李雨秾同学作业中的重点。她的作业，清晰地显现了这个由表及里、由内向外递进的过程，用吸管这种材料较好地呈现了她的创作意图。

图12

4. 李毕嘉同学（图13）

评语：

太湖石形态复杂，结构多变，以它为研究对象，真可称得上是对自我的挑战了。李毕嘉同学研究的过程时而困顿，时而流畅。课程即将结束之时，他意犹未尽地感叹："太湖石太好看了，太湖石太有生命了"！从他的作业中，我们看到了太湖石的美丽：饱满的体块、硬朗的切面、交错的形体关系、独具装饰效果的肌理……这些具象的形体，在设计中则转化为抽象元素，充满新意。

图13

5. 张佳芸同学作业（图14）

评语：

石头是有分量的实体。但是从不同的角度呈现的形态给人的感受却是不同的。张佳芸同学通过反复地观察和感受这块太湖石，她看到了它的轻盈与灵动，她用透明的塑料片和吸管搭建出了一个轻盈的形态，让别人感受到了缘起的形态同时又有了新的陌生感，较好地达到了教学的要求。筑·美

王冠英　上海大学上海美术学院，教授

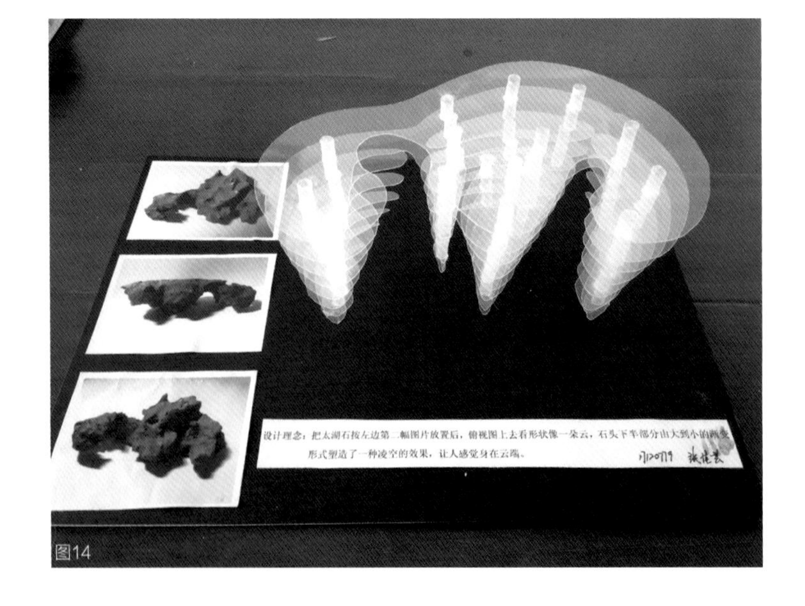

图14

参考文献

[1] 吴华先. 设计素描 瑞士巴塞尔设计学校基础教学大纲. 上海：上海人民美术出版社，1985.

[2] 方海. 太湖石与正方体 园林中的艺术与科学. 北京：中国电力出版社，2018.

[3]（美）罗伯特·考哌利斯. 素描艺术 90种开创性教学方法. 南宁：广西美术出版社，2017.

# 乡土材料在现代装饰中的“表情”寓意设计

文 / 傅凯　刘丹

**摘　要：** 乡土材料源于自然，具有明显的本土地域特征和文化特色，在现代装饰中，常作为艺术载体，继承着传统的工艺，承载着时间的沉淀，营造着场所的意境。本文从“表情”寓意的角度，分析乡土材料的定义与属性、探讨乡土材料在现代装饰中的具体“表情”寓意，研究总结出相关的设计策略，提升精神寓意层面，展现人文关怀。

**关键词：** 乡土材料　现代装饰　“表情”寓意

图1 建筑方案

乡土材料源自乡土间，经历了一个漫长的演变发展，不同的乡土材料以其独特的结构特性、文化内涵、艺术属性、历史意义，成为空间内涵深化的最直接载体，在现代装饰空间中展现出不同的“表情寓意”。随着时代的不断进步，乡土材料的“表情寓意”也在新时代中不断被应用、被创新，形成新的设计策略，演绎着新时代的精神面貌与精神意境。

## 一、乡土及乡土材料的定义

1. 乡土

“乡土”包含两层意思，其基本释义为本乡本土，特指人们出生的故乡，另一层是指一个区域的概念，泛指地方[1]。随着现代社会和经济的发展，人们对于精神层面的不断追求，“乡土”被逐渐推广，其语意也在不断被丰富，对于乡土，我们现在主要强调本土的、传统的、民间的，具有地域性的乡土。

2. 乡土材料

乡土材料是取自于本土的现有资源，具有明显的传统文化特色和地域特征，这些材料具有生态低碳、使用方便、就地取材、适应性强、施工技术简易等多重优势。乡土材料按其属性有木材、石材、土材、竹材等。选用乡土材料一方面节省了建造成本，另一方面有利于生态环保和文化传承，随着科技的不断提高，结合现代材料，提升施工技术。不仅如此，还能更好地营造出场所意境，烘托出空间氛围。

## 二、“表情”寓意

双引号的表情含义是指表达表面的感情、情意，具有寄托或者隐含的意思。此处“表情”打上了双引号，即并非采用其字面意思，而是采用了其引申意思，通过空间的装饰来营造具体有深意的场所氛围。而“表情”寓意在本文中的意思是指场所空间所蕴含的、寄托的、隐含的意境，在情感上、心理上能使人产生同感，达成共鸣。

## 三、乡土材料的属性

乡土材料源自本地、来于自然，具有当地的自然文化特色。乡土材料种类繁多，经过中国几千年文化积淀的结果，不但充满着时间的积淀而且还是传承中国文化的艺术载体[2]。在现代装饰中被大量运用，按其自然属性分类，可分为木材、石材、土材、竹材。

图2 四方当代美术馆内部
图3 材料与符号

1. 木材的属性

木材是一种常见的天然材料，自古多被使用于建造、装饰等，其生产成本低、无污染、性能好、成色好，具有良好的易为人接受的可接触性，保温性好，软硬适中、易加工，其自身具有天然美丽的花纹，有很好的装饰性。木材源自树木，自古意“构木为巢”，给人以安全感、神秘感，世人多以崇拜之意顶礼膜拜，通过对树木的祭拜以满足自己内心的需求，祈望能治病、除邪、消灾。但是随着时代的进步，人们对于木材独特的木纹与韵味，已不再仅限于是对生命的崇拜，从装饰上来说，更给人一种生机勃勃、充满活力的感觉，能够给人亲近自然的心理感受。

2. 石材的属性

石材广泛用于室内外装饰，吸水率小、抗风化能力强、稳定性高，具有良好的耐火性、耐久性和抗压强度高等优点，由于其类型、花纹、色彩丰富，也具有良好的装饰性能。石材是直接来源于大自然的乡土材料，其自身简洁大方、朴实无华，具有沧桑的颜色、粗糙的质感、不规则的肌理，不论是直接应用还是间接应用都能产生意想不到的、强烈的艺术效果。在现代装饰中，能表现出一定的自然和谐性、乡土象征性、视觉特征性和地域文化性，结合不同的材质、造型、色彩又能给人以不同的感受。

3. 土材的属性

土材在现代装饰中不太常见，但也有应用，土是自然历史的产物，由于其地质、地点、环境、形成等原因，不同地区出现了不同的土质，如黄土、红土、淤泥。土材在传统意义上有生生不息之意，远古时期，人们对于土是极其崇拜的，由于土地生长五谷、滋长万物，是生命之源，是人类生活的基础，因此，人们对于土有着强烈的依恋与亲近的心理，将其视为心里的依托、精神的家园，认为是生命中不可或缺的一部分。

4. 竹材的属性

竹材的环保性及可再生性程度高，不仅如此，其产量高、生长周期短、强度大，光滑柔韧、坚固轻盈，竹材在应用中具有很好的隔热保温性能，是良好的节能材料。竹文化博大精深，自古就有“四君子”、“岁寒三友”等雅称，还有许多诗人为之吟诗作赋，为之描画涂影，竹子具有高尚的精神风貌和傲气的内在涵养，多以其心虚节坚、坚韧不拔、风度潇洒而称赞。古典园林中竹子加以寒风、瘦石就能衬托出其不畏严寒的品性，建筑上，作为建筑材料，帮助人类遮风避雨，出现了竹楼这类材质的建筑，不仅如此，室内家具、装饰隔断上也多有运用。

## 四、乡土材料在现代装饰中的“表情”寓意

1. 地点性的体现

（1）场所精神的营造

场所是指人记忆的一种空间化和物体化，而场所精神的意思就是一个场所具有的特定气氛，可以简单地理解为人对某个地方的认同感和归属感。材料由于其自身的物理属性、文化属性等，在场所的构筑中，能够带给人们一定的熟悉感，所以，材料对场所精神的体现就起到了关键的作用[3]。如产自当地周围的石材、木材、土材，无论是直接选用当地的乡土材料、施工工艺、建造结构，还是通过现代化技术加工后再运用，都能体现出特定的场所感。

（2）地域性的表达

乡土材料以其天然的自然特征和有内涵的材料“表情”成为当地地域文化的一个重要载体。乡土材料多源自本地，就地取材，其在大自然中经过不断地发展，已经具有了相当的环境适应性，不仅如此，它还维系了人们的历史情结，延续了地区的地域文化[4]。随着社会的进步、科技的发展，新技术、新材料与乡土材料的结合，继续推动当地文化、当地特色的进一步发展。

2. 文化性的表达

（1）符号意义的体现

乡土材料的本身就是一种具有象征性的符号，符号简单来说是具有一定指代的，它代表了某个事物，表达了某种内涵。乡土材料就是借助自身具象的物来表达一种抽象的概念，不同的材料代表了不同的符号意义，就像木材代表了自然和生命，石材代表了力量和沧桑等，这些是乡土材料自身的文化属性，也是它所具有的符号意义，所以，通过组合设计使用，又反过来加强了其具有的符号意义。

（2）乡愁情感的寄托

少小离家老大回，对于远走他乡的人们来说，乡土材料是包含了他们的记忆的，所以它比现代的高技材料显得更加亲切、和蔼。这里面蕴涵了记忆的概念，通过这种具有乡土气息的材料，更能勾起对家乡的思念，它深深地寄托了人们的乡愁。例如，粗糙的黄土墙，很快使人们联想到窑洞、高原，对于离家的人们那是寄托了他们铮铮的乡愁情感的。

3. 时空性的连接

（1）时间变化的体现

乡土材料的时间周期都不尽相同，各种属性也会随着时间的变化而变化，有的属于强时间性材料，例如木材、竹材等；有的属于弱时间性材料，例如石材、砖材。对于强时间性的材料和弱时间性的材料，人们的态度与做法也不尽相同，对于强时间性的材料强调耐久性和置换更新，对于弱时间性的材料更多的是欣赏其岁月之美，而不是掩盖时间的痕迹[3]。

（2）空间意境的表达

意境是主观情感与客观景物相融合的产物，它是情与景、意与境的统一[5]。包含人们情感的乡土材料在实际的造情、造景、造意、造境中能营造出空间的远景与深意，例如在空间中放置一块石磨盘，以一种戏剧布景的方式，虚实结合，给人一种有限的形式表达出无限的韵味，不同的人感受也有不同，可能感受到的是一个氛围，或者是一段故事，这都是一个令人有无限联想的空间意境。

4. 艺术性的表达

（1）直观的艺术性

乡土材料与设计的形式、色彩、质感都息息相关，例如石头的形状给建筑的形象带来一定的影响，使其更具形式、质感上的艺术性；木材需要特殊的施工技术拼接搭建，在色彩与构造方式也具有一定的艺术性。

图4 矶崎新设计的会议中心

图5 清华大学美术馆

（2）延伸的艺术性

设计一部分是理性的，一部分是感性的，对于人来说，感性的部分更加吸引人，能产生情感上的互动与共鸣。除了符合一定的功能要求，交通流线等设计原则外，能让设计升华的是设计的内在内容，不应该是冷冰冰的，应该延伸出很柔软的、诗情画意的部分，能够体现一定的人文情怀。乡土材料在设计中可以承担这个载体的责任，连接着设计与人，延伸出设计的内涵。

5. 技术更新与寓意变化

（1）传统技术的应用

传统的手工艺技术，在材料不断地更新中也在不断更新，渐渐地发展改善，根据当地的经济条件、资源现状，形成具有适宜性的生态技术。用当地的匠人来建造，怎么建都是满满的乡愁，这就是传统手工艺搭起的情感与装饰的桥梁。

（2）现代技术的革新

乡土材料在现代技术的更新中也在不断更新，出现了加工后的各种新型产品，具有原来一定的属性，也更加适宜现代装饰的使用。不仅如此，结合现代技术、现代材料，原来的乡土材料的表情寓意也在不断变化，例如自然原石的组合运用，能营造出自然、粗糙的空间氛围；结合现代技术，加工后的石材运用，又能营造出刚硬的、冷峻的感受；结合现代材质，粗犷的石材与不锈钢材搭配使用，又能体现出一种精致。

## 五、乡土材料在现代装饰中的设计策略

1. 秉承材料本性，尊重材料真实性

在现代装饰中，充分发挥乡土材料的自然属性，尊重材料的真实性，将其最原始的自然状态呈现出来，发挥材料的性能、利用材料的形式、顺应材料的本性。以一种原生态的方式，展示材料的固有特点，从装饰的角度欣赏材料的岁月变化之美，连接时空，营造出沉默而静谧的氛围。例如，竹子以其原生态的形态做装饰，或以编织的方式或以捆扎的方式，随着岁月的变化，时间的变迁，竹子慢慢沉淀，由青变黄，由润变干，由生机变韵味。

2. 传承传统工艺，留住材料的韵味

在现代技术快速发展的时代，人们尤其注重精神上的塑造，通过乡土材料的传统手工艺、民间工法来表达对传统工艺与世代记忆的延续，除了造价低廉、性能完善等优点外，对于场所、对于空间能直接营造出浓郁的乡土氛围，继续延续着人们的内心情感。例如，木材传统的榫卯结构，已经渐渐失去它的结构特性，在装饰上作为一种中式元素的体现，营造出传统的文化氛围，维持着人们的记忆，延续着内在的文化底蕴。

3. 采用现代技术，增强材料适应性

随着时代的发展，装饰技术愈发先进，可以通过各种手段表现材料的质感，极大地提高了施工效率和成本。它的实质，是将当代先进的科学技术成果有选择地与地区特殊的地域条件相结合[3]。传统乡土材料大多是利用当地盛产的自然资源加工形成，有耐久性差、易腐蚀、不易安装等局限性。利用现代先进的装饰技术，改进传统乡土材料的弊端，保留其核心元素，使乡土材料适应现代

图6 乡土材料与人文情怀
图7 南京愚园镂空的廊子
图8 南京愚园1
图9 南京愚园2

装饰艺术。结合现代技术，出现了经过加工的秸秆砖、秸秆板、再生砖等产品，更具使用的适应性。结合现代的材料，原生态的材料与现代材料相互搭配使用，产生粗犷与精致的对比效果，会极具感染力，达到技术与艺术的完美结合。

**4. 提升精神寓意，衍生人文情怀**

乡土材料来源于自然，通过劳动人民的智慧加以改造，应用于各种空间，冰冷的自然材料也被赋予了生机与内涵。千百年以来，随着建造水平与经验的不断提升，乡土材料也逐渐有了自己独特的精神内核，例如提到竹材大多联想到清幽、雅静的空间；提到石材就会感受到冷冽严肃的氛围；谈到黄土，思绪就会飘到千里之外的大西北。乡土材料早已不是冷冰冰的建筑材料，从古至今的反复使用赋予了其精神属性，也在我们心中埋下了一种情怀，这是一种对乡土材料不言自明的情愫。所以在现代装饰中，不仅仅注重材料的技术问题、材料的选择问题或者物质问题，应该提升到精神的、意识的、寓意的层面。乡土材料的应用可以唤醒我们内心深处的记忆，重现材料的精神寓意，体现空间的人文情怀，儿时的老宅、家乡的山水、文人的诗词歌赋也渐渐浮现。

## 六、结论

乡土材料来源于自然，道法自然，自然而然，在不断地发展中，其被人们赋予了各种生机与内涵。因其不同的物理属性和不同的文化属性，人们对于乡土材料也具有一种精神属性与情感寄托。在现代装饰中，乡土材料能表达出地域性、文化性、时空性、艺术性、技术性，都具有不同的“表情”寓意，能体现出更高层次的精神寓意与人文关怀。对此也提出了相关设计策略，总结一些设计原则和设计思路，在现代装饰中，不仅仅注重材料的技术问题、材料的选择问题或者物质问题，更应该提升到精神的、意识的、寓意的层面。为乡土材料在现代装饰中的“表情”意义设计提供一些设计理论依据。筑·美

傅凯　南京工业大学建筑学院，副教授
刘丹　悉地（苏州）勘察设计顾问有限公司第三分公司

参考文献

[1] 崔杨波. 建构视野下的新乡土建筑营造研究[D]. 西安：西安建筑科技大学，2015.
[2] 俞禹滨.竹、木、砖、瓦：当代建筑中乡土材料的运用——以王澍作品为例[D]. 南昌：南昌大学，2012.
[3] 郑小东. 建构语境下当代中国建筑中传统材料的使用策略研究[D]. 北京：清华大学，2012.
[4] 张玢. 乡土材料在现代建筑中的地域性表达研究——以川西平原为例[D]. 成都西南交通大学，2013.
[5] 彭吉象. 艺术学概论[M]. 北京：北京大学出版社，2006.

# 浅析弗雷德里克·梅杰花园与雕塑公园

文 / 曾伟

**摘 要：** 自1995年以来至今，作为美国最重要的植物和雕塑体验公园之一，弗雷德里克·梅杰花园与雕塑公园共接待超过1100万游客。它是一个非营利性组织，设有专门机构接受来自各种渠道的资金援助。该组织由近200名全职和兼职工作人员、850多名志愿者运营，并得到逾2.7万个会员家庭和许多捐赠者的支持。弗雷德里克·梅杰花园与雕塑公园从宗旨、理念、展品层次以及服务功能方面对于我国户外雕塑花园的建设具有一定的借鉴意义。

**关键词：** 梅杰花园　景观艺术　雕塑公园

梅杰家族于1934 年在密歇根州创立了以他们名字命名的连锁超市Meijer，目前，它在全美的242家分店都集中于美国中西部城市。在《财富》杂志2008年"美国最大的35家私营公司"榜单上，该公司排名第19位；在《福布斯》杂志2015年"美国最大的私营公司"排行榜上，该公司排名第19位；2016年,《超市新闻》将梅杰排在美国和加拿大75家食品零售商和批发商的第15位，由此可见，这是一个实力雄厚的家族。所以在1990年，当西密歇根园艺协会（West Michigan Horticultural Society）想建立一个植物园和温室时，他们联系了弗雷德里克·梅杰（Frederik Meijer），希望能够获得他的资助。

经过反复磋商，弗雷德里克和夫人同意出资5000万美元建设一个以园艺和雕塑为中心的文化景观，并于大急流城（Grand Rapids）捐赠了70.7英亩土地和全部私人雕塑收藏品。1995年4月弗雷德里克·梅杰花园与雕塑公园（Frederik Meijer Gardens & Sculpture Park）正式对外开放，目前，整个花园已扩大至158英亩，无论在室内还是室外，园区都具有无障碍设施和残疾人通道。作为美国最重要的雕塑和园艺体验区之一，弗雷德里克·梅杰花园与雕塑公园拥有包括密歇根州最大的热带温室；五个室内主题花园；户外花园、自然小径及木板路；雕塑美术馆及永久雕塑收藏作品；图书馆；咖啡馆；礼品商店；教室和会议室。（图1）

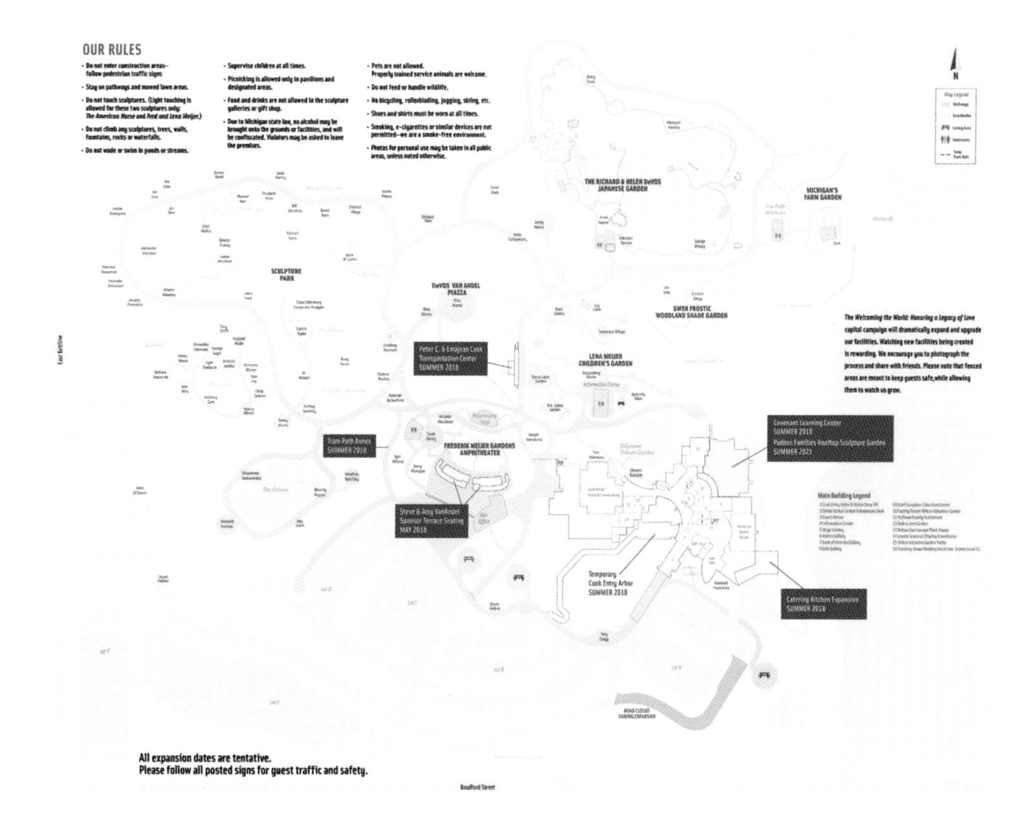


图1 弗雷德里克·梅杰雕塑公园平面图

图2 莉娜 · 梅杰热带植物温室
图3 温室内部1
图4 温室内部2

## 一、园艺

莉娜 · 梅杰热带植物温室（ Lena Meijer Tropical Conservatory ）是一个约有5层楼高、15000平方英尺的玻璃框架建筑，以岩石景观、瀑布和各种异国植物的为主要特色。温室里种植着来自世界各地的热带植物，包括印度的无花果树、来自中美洲和南美洲的奇异兰花、亚洲的竹子和香蕉。其他的室内花园包括肯尼斯 · 纳尔逊食肉植物馆（ Kenneth E. Nelson Carnivorous Plant House ）、以仙人掌为特色的厄尔和唐娜丽 · 霍尔顿旱地植物园（ Earl and Donnalee Holton Arid Garden ）、厄尔和唐娜丽 · 霍尔顿维多利亚式花园（ Earl and Donnalee Holton Victorian Garden ），格雷斯 · 亚雷茨基季节性展示温室（ Grace Jarecki Seasonal Display Greenhouse ）。（ 图2~图4 ）

户外花园的特点是四季种植，让游人在不同的季节可以欣赏到不同的景观。为了提高人们对西密歇根众多生态系统的认知，园中设置了一条蜿蜒穿过一片森林的威格自然小径（ Wege Nature Trail ），以及把游人引导向自然湿地的弗雷木栈道（ Frey Boardwalk ）。这些小径的特点是在不同的区域精心设置了一些观鸟平台、观景平台和一个蝌蚪池塘。从观看降雪到树叶颜色的变化，这些区域都是体验密歇根州不断变化的风景的绝佳地点。

5

6

以格温·弗罗斯蒂克命名的林地绿荫花园（ Gwen Frostic Woodland Shade Garden ）是为了纪念这位密歇根州本土著名的自然主义艺术家的艺术成就，植物配置以蕨类植物、玉簪、荷包牡丹、杜鹃花等林地植物为主要特色。

## 二、雕塑

雕塑展览由近300件固定陈列和不断变化的临时展览组成。前者以19 世纪末以来的雕塑作品为主，后者则面向一切时代的艺术家和艺术作品。固定陈列品的数字还在不断增加，尤其是20世纪50 年代中期至70年代早期成长起来的美国雕塑家的作品，他们最初与抽象表现主义和波普艺术之间有千丝万缕的联系，而今已为世人所接受。

永久收藏的重要作品包括，从奥古斯特·罗丹的《吻》、《夏娃》和埃德加·德加的《观察足部的舞者》，到亨利·摩尔的《青铜形式》、《作品模型为分割椭圆形：蝴蝶》和亚历山大·考尔德《多彩的诱惑》，再到路易丝·布尔乔亚《蜘蛛》和理查德·塞拉《等距，等高》。（图5~图11）

7

图5 奥古斯特·罗丹《吻》 1880年，青铜，23.75英寸×14.5英寸×15.5英寸

图6 埃德加·德加《观察足部的舞者》，1895~1911年，青铜 18.5英寸×10.5英寸×8英寸

图7 奥古斯特·罗丹《夏娃》1881年，青铜，68.5英寸×19英寸×22.5英寸

图8 亨利·摩尔《青铜形式》1985年，青铜，150英寸×98英寸×69英寸
图9 亨利·摩尔《作品模型为分割椭圆形：蝴蝶》1967年，青铜 23.5英寸×38.63英寸×25.25英寸
图10 路易丝·布尔乔亚《蜘蛛》1997年，青铜，94英寸×96英寸×84英寸
图11 理查德·塞拉《等距，等高》1996~2012年，锻钢，48英寸×41英寸×41英寸, 60英寸×41英寸×41英寸, 72英寸×41英寸×41英寸, 84英寸×41英寸×41英寸

图12 艾未未的《铁树》2013年，铁和不锈钢，264英寸×264英寸×264英寸
图13 李禹焕的《关系项——森林小径》2012年，钢和石头，118英寸×188英寸
图14 乔米·普伦萨的《我，你，他或她...》2006年，不锈钢和石头，84英寸高

雕塑作品遍布于园区的室内外重要位置，在自然环境中精心布置的大型和更传统的雕塑作品主要集中在一个30英亩的雕塑公园里。最近备受关注的收购作品包括艾未未的《铁树》、李禹焕的《关系项——森林小径》和乔米·普伦萨的《我，你，他或她...》(图12~图14)。

此外，弗雷德里克·梅杰花园与雕塑公园每年还会举办三场临时雕塑展。一组室内画廊提供了大约4000平方英尺的展示空间。例如，从马格达莱纳·阿巴卡诺维奇到乔治·西格尔，戴尔·奇胡利到安东尼·卡洛等艺术家的主要作品都获得了广泛的好评。

## 三、户外花园

于2015年6月开放理查德和海伦·狄维士日本花园（The Richard & Helen DeVos Japanese Garden）是梅杰花园的最新成员。该项目占地8英亩，由栗栖芳一设计，以瀑布、石头、桥、起伏的地形和一个功能齐全的茶室等传统元素为特色。这个日本花园不仅融合了日本传统园林的精髓——宁静、沉思和美丽，同时也使国际艺术家的当代雕塑作品融入其中。该设计有效地利用空间来突出静水与流水、安静的私密空间与开阔的开放空间、人工与自然区域之间的对比（图15、图16）。

莉娜·梅杰儿童花园（Lena Meijer Children’s Garden）是全美最具互动性的儿童花园之一。在这里，孩子们可以通过观察设置的小窗口来回答关于雕塑的问题，挖掘采石场来发现关于化石的信息，并在五大湖造型戏水区上搭建桥梁。他们可以探索树屋、小木屋、蝴蝶迷宫、感官花园和儿童大小的海狸小屋。这座公园以数百种植物为主题，还有以儿童为主题的奇特雕塑，它可能是美国唯一一座拥有自然湿地的儿童公园。（图17~图20）

密歇根州的农场花园（Michigan’s Farm Garden）让人想起20世纪30年代的家庭农场。这令人愉快的设置包括一个传统的菜园、果园、谷仓、枫糖小屋、农产品展台、风车和以四分之三比例重建的莉娜·梅耶尔的童年农舍。农场动物的雕塑散布其间。（图21、图22）

15

图15 日本花园1
图16 日本花园2

16

弗雷德里克·梅杰花园圆形剧场（Frederik Meijer Gardens Amphitheater）是举办户外夏季音乐会和其他音乐活动的著名场所。室外露天剧场拥有绝妙的音响效果和可容纳1900人的阶梯式草坪座椅。在梅杰花园的舞台上出现过的艺术家包括邦尼·瑞特、史蒂夫·米勒乐队、雷利·班·金、莱尔·洛维特和威利·纳尔逊。（图23、图24）

图17 儿童花园1
图18 儿童花园2
图19 儿童花园3
图20 儿童花园4

21

22

## 四、结语

弗雷德里克·梅杰花园与雕塑公园中大部分展馆都以投资者的姓名命名，它不仅使有钱人获得声誉，也让普通公众获益。弗雷德里克·梅杰花园与雕塑公园以社会公益服务为目的，票价低廉，它始终将精彩的藏品展示给大众，最大限度地为各个层次的观众了解艺术提供全方位的服务。所以，只有展品和服务做得越好，才会得到更多的社会以及个人基金会的支持，才能形成良性循环，越办越好。

弗雷德里克·梅杰花园与雕塑公园最初的愿景是为子孙后代创造一个终生学习、欣赏和丰富文化体验的基地。经过23年的不断努力，它已经成为美国中西部地区的一个顶级文化胜地。弗雷德里克·梅杰花园与雕塑公园以独特的艺术氛围和优美的花园环境闻名于世，它促进了人们对花园、雕塑、自然环境和艺术的认识、理解和欣赏。筑·美

曾伟　东南大学艺术学院，副教授

参考文献

[1] William J. Hebert. Frederik Meijer Gardens & Sculpture Park: Growing a Masterpiece. Frederik Meijer Gardens & Sculpture Park, 2005.

[2] E Jane Connell. Gardens of Art: The Sculpture Park at the Frederik Meijer Gardens. Frederik Meijer Gardens & Sculpture Park, 2002.

[3] Joseph Becherer, Larry Harmsel, David Hooker. America's Garden of Art. Frederik Meijer Gardens & Sculpture Park, 2014.

基金项目

国家社科基金艺术学项目“全球化视野下的江南地域文化景观设计策略研究”（项目编号18BG115）。

图21 农场花园1
图22 农场花园2
图23 圆形剧场1
图24 圆形剧场2

23

24

# 城市壁画的未来之路

文 / 王岩松

**摘　要：**当代中国城市壁画经历了自改革开放以来的发展与演进，正在以理性创新的时代精神参与到史无前例的城市化进程之中。“房子做多了，是否壁画就多了？——显然不是。”[1]大量的建筑与公共空间的出现，并未惠及城市壁画。相反，城市壁画风格的取向、“绘画和建筑是假朋友”的观念[2]、壁画家与建筑师彼此之间的沟通、壁画创作与建筑之间的关系、壁画与受众之间的关系等诸多因素都向城市壁画创作提出了挑战。本文认为：城市壁画要发展首先要“重视壁画的学术研究与人才培养”、“改善创作环境”。壁画家未来的创作方向将有多种可能性，着力提高作品的艺术性，摆脱庸俗，提升和追求文化的自觉，深层次理解壁画与社会的关系，以多元、综合、融合、创新的方式进行壁画创作，才是壁画未来的走向。

**关键词：**城市壁画　创作　未来走向

图1 壁画《地下蝴蝶魔法森林》轨道交通十三号线（汉中路站），材料：亚克力、金属板、新媒体，作者王鳞杰（国际新锐艺术设计资源平台ToMASTER）

## 一、城市壁画的理想追求

### 1. 重视学术研究与交流

当代中国的壁画家们一直在享受中国传统壁画与西方壁画的优秀成果，而对当代城市壁画的贡献多是实践创作而非理论研究，而且这种状况仍将持续。壁画理论家张世彦先生一直呼吁壁画家之间要展开平等的学术交流，期待艺术学、美学、哲学的理论家能关注和支持壁画理论，从不同的专业视角展开对壁画艺术深层次的理论研究，因为这对中国城市壁画未来的发展意义重大。无论壁画家还是艺术理论家，尽管彼此研究的重点不同，但当内心真正激发出对问题研究的兴趣并付诸学术性的探索时，差异性不在艺术上而在研究的视角和技术，这也正如鲁道夫·阿恩海姆对艺术与设计的描述：“事实上，不管是一把钥匙，还是一座巴洛克建筑的正面，它们之间的艺术性只存在着程度上的差别。”

经历了改革开放三十年的今天，社会发展尽管已经走过了“摸着石头过河”的阶段，然而许多艺术家灵魂深处却缺乏对生命和世界的慈悲与担当。[3]浮躁的社会环境、多样表达的艺术现象、利益驱动的背后推手，给壁画创作带来思想上的混乱。“安逸对文明是有害的”[4]，作为壁画的学术研究者，理应对壁画创作中的表象进行分析与怀疑，要有学术的担当和社会的使命感。值得欣慰的是，中国的城市壁画创作翻过了追逐风潮的一页，面对城市壁画风格多元、语言丰富的现状，壁画家们思考的重点转向了如何处理壁画与城市、壁画与建筑空间的关系，叙事性、装饰性和趣味性壁画成为城市壁画的主流，从理论上分析中国现阶段城市壁画风格取向，可以归结为三种（1）传统本色——永恒的经典；（2）继承与发展——时空的交汇；（3）新奇与怪诞——时尚的推动力。那么，是否可以这样来认识当代中国城市壁画的功能？即为政治服务、为商业服务、为大众服务。

与此同时，中国当代城市壁画艺术要想介入当代艺术的话语权中，使其获得“在场”的权利，还必须在艺术语言的探索上寻找出路。壁画艺术是一个综合的概念，它可能是绘画，可能是浮雕，可能是设计，但它恰恰也可能不是绘画，不是雕塑，也可能不是设计。也就是说，各种艺术样式在壁画艺术里并不是一个可以被分割的、平行的单一方式，而是一个复杂的、相互重叠交叉的关系。当代城市壁画谋求发展，是与其不断地反省、思考和艺术形式上多样探索为前提的。

2. 重视高校壁画专业的人才培养

城市壁画的出路还在于重视高校壁画专业的人才培养。在日益全球化、商业化的大环境中，理想中的城市壁画蓝图往往在实现的过程中事与愿违，就如同中国百年来未得到彻底解决的社会问题一样，历经几代人的努力最终发现治理的起点还在教育。今天的大学处于被丰富、多样的资讯和媒体包围的大环境中，已经成为真正的“没有围墙”的教育、科研机构。信息和资讯对于年轻的学子来说，占有和检索这些资源异常轻松。大学教师不再仅仅是信息的传播者，更重要的是教给学生如何甄别资讯的可利用价值以及对事物的洞悉，明确知识因何而来，如何衍生和发展变化的，从而让学生形成自己的认知体系，即提出问题、解决问题、进而服务于社会。壁画专业课程的教学也应该逼近前沿，尽管教师讲授的课程尚处于初级阶段和实验阶段，但如果在严格的学术规范要求下，“裸露”研究和思考的过程于讲授之中，无疑对学生是有益处的。

面向21世纪的高校壁画教学，应打破传统空间载体的局限，着眼于全面把握壁画的理念、模式与文化精神、艺术性与绘制材料与技术。正如21世纪之初袁运甫先生提出的“大美术”的创作理念，倡导打破传统的美术界限，以宽阔的视野寻求多学科、多种艺术形式相融合、形成综合性的美术创作新样式。在壁画专业的课程中渗透公共艺术设计、建筑与景观设计、建筑导引、综合材料应用、多种工艺制作等相关课程，形成各学科之间交互融合、学术资源共享的氛围，并将壁画的设计理念引入具体的空间中进行教学，让更多的艺术形式渗透到城市壁画的创作中来，使学生感受到了更大的自由与宽容，主动去容纳、集中或综合几乎所有艺术样式的精华和优势，从题材、尺度、材料、质感、技法、环境、创意、综合视觉与环境效果等各方面，寻找新的发展空间与可能，从而既可以获得史诗般的场面，又可以呈现精致、细腻的魅力，超越了单一画种的表现力。

值得注意的是，与城市壁画创作几乎同步的中国高校壁画专业，走过了三十五年的探索和积累历程，即使没有形成完备、科学、成熟的学科体系，也不应该时刻把建筑和墙壁看得高于一切，把壁画局限于传统的狭小视野中，更不能无视壁画的艺术特征和社会功能，把一些与墙壁、空间、建筑无关的艺术形式作为高校壁画专业的学习追求。应该在继承传统、尊重传统的同时，重视实践与理论相结合的学习方式，用世界性的眼光去关注壁画发展的动向，及时把握时代的精神内涵，批判性地吸收国外先进的城市壁画创作理念和经验，以开放的胸襟，正确把握壁画未来的学科走向。

壁画是一个有两千多年传统又与时代同步的特色专业，传承与创新是每一位壁画专业的学子都要认真对待的使命。壁画是一个综合性的学科，它不仅涵盖了造型艺术的各个门类，还与设计学关系密切。高校壁画的教学就是要为学生的成才提供更大的发展空间和更多的成才机会。壁画专业的特殊培养方式，就是让学生将来成为思维活跃、视野宽阔、多媒介、多领域跨越式创作方式的综合型专门人才，不仅仅能够做壁画，成为环境设计师，还可以成为职业艺术家。

值得庆幸的是，老一辈壁画家们对壁画人才的培养始终怀有满腔的热情。自2007年9月开始，20世纪中国壁画的领军人物，隐居北京西山的侯一民先生和年逾七旬的李化吉先生毅然走进中央美术学院的课堂，以中国壁画学会的名义与造型学院联手筹建了首届壁画高研班。这是一个针对目前壁画创作现状的有力回应，他们希望通过自己风烛残年的努力，为中国当代的壁画创作规范出一条正路，也希望在高研班培养出火种，点燃后撒向全国各地，以此拯救中国壁画创作当前面临的危机。此举得到了全国各地壁画创作者的响应，也得到了中央美术学院和壁画系的大力支持，截至目前已连续举办了多届，成果丰硕。

现任中国壁画艺委会主任的壁画家唐小禾先生曾坦言：“中国壁画要发展，首先要培养高素质的壁画创作队伍，把壁画创作作为艺术理想的追求，而不仅仅是索取利益的‘工程’”。其次要有创新精神、开阔的思路、精到的技艺，创作出与建筑完美结合、为大众喜闻乐见的壁画作品。同时，唐先生高瞻远瞩，不仅强调壁画创作者要适应当代建筑的发展，同时更希望我国的建筑学教育中也要加强人文教育和美术教育，培养未来建筑师的文化艺术情结，呼吁社会各界制止和约束经济行为对艺术创作的干扰。

## 二、城市壁画的环境改善

创作环境的改善首先需要与城市壁画相关的法律、法规以及文化主管部门的规定不断得到完善并逐步真正实施，这是城市壁画能够健康发展的保证，也是城市壁画未来能持续发展的前提。缺少法律与制度方面的约束与支持，无法获得中国城市壁画创作繁荣与发展的顺利进行。这正如丹纳所言：物质文明与精神文明的性质面貌取决于种族、环境、时代，他主张“不提出一套法则叫人接受，只是在证明一些规律”。[5]此外，要获得城市壁画创作环境的改善，提高公众的艺术鉴赏力与品位也至关重要。与此同时，壁画家与壁画理论家需要担负起引领大众、创造社会艺术氛围的社会责任，他们不但是创作者，还应该成为城市壁画推广和介绍的生力军，让城市壁画逐渐成为公众理解、接受、支持和参与的公共艺术形式。壁画艺术家也同样需要坦然面对社会现状，去寻求壁画未来的出路。

壁画创作环境的改善，最终需要壁画家主观因素的作用及壁画界集体的担当，争取获得全社会的理解与尊重，让壁画艺术与社会和谐共处。正如文杜里所说：“如果没有艺术家的自由与他的时代精神之间的和谐，没有创作想象与时代的艺术趣味之间的和谐，艺术作品就不会完美。”[6]

### 1. 呼吁立法保护当代壁画

值得欣慰的是，国内目前尚有像北京天坛体育宾馆和华都饭店这样的壁画所有者，能够尊重壁画家并看重所拥有的壁画作品。但屡屡发生类似于北京饭店和燕京饭店这样的壁画所有者，在二次装修时把已经载入史册的现、当代壁画拆毁并丢弃的事件。至于壁画完成后被遮挡、玷污、损坏无人问津的现象更是不胜枚举。诸如已经完成的壁画作品被随意复制和模仿，著作权纷争不断；壁画从业人员鱼龙混杂，壁画制作资质无从考证；壁画项目和设计方案的评审和评价缺乏严肃性、科学性及社会责任感；对壁画工程的规模、尺度、材料、施工、环保等技术内容缺乏监管和评价；设计方案及相关费用的标准缺乏监督；壁画工程竞标程序缺乏有效的制度约束和规范等。可见，立法保护当代城市壁画、规范城市壁画创作制度迫在眉睫。“对于已经落成的当代城市壁画实施保护的最好的方法是立法。我们目前在壁画创作上缺少法律保护，台湾在这方面做得比较好，有明确的法律来保障壁画的创作及后期保护。”[6]

图2 上海武宁路家乐福外墙壁画　作者：Cite Creation公司（法国）2009年

图3 壁画《上海计划》，作者：Leandro Erlich 《景观艺术》，2013年

呼吁国家相关部门尽快立法或制定相关规章制度，由行政管理部门进行监管。如短期内无法出台相关法规，可以委托相关行政机构与壁画的所有者达成共同保护的可行性协议。壁画家可在日后的壁画设计与制作过程中，直接把壁画设计成可拆装的结构，并与壁画的所有者签署协议，约定日后如要拆换壁画，应通知作者本人并归还作者，相关费用细节双方协商。

随着经济、社会、文化的发展，中国当代城市壁画的创作环境日新月异，壁画家与壁画作品会遇到更多更复杂的社会因素，制定相应规范的法律，是对双方的保护和约束。由于各学科不断地相互渗透和影响，以及更多的专业人员涉足艺术，显而易见，艺术法已成为一门专业学科，并且逐渐成为面向全球的与艺术有关的法律学科。

**2. 推广与传播当代城市壁画**

从中国几千年的文明史不难看出，壁画是每个历史时期最具有记录历史功能的造型艺术形式之一。作为正在迅速崛起的中国，壁画无疑仍具备它的使用功能和美学价值。无论是作为建筑空间的主题性壁画还是与建筑功能相吻合的装饰性壁画，壁画不可替代地发挥了它的功能。从2000年的《世纪坛》壁画、上海世博会壁画、2006年的蒙古纪念馆壁画，2008年的奥运会场馆壁画、北京地铁站壁画、上海地铁壁画、南京地铁壁画等，都发挥了政府的职能，推动了壁画创作的新一轮兴起。

经济发展追求的是高质量的生活，艺术同样不可或缺。美国经济学家提出这样的观点：艺术获得政府和当地企业、民众的支持，并非艺术是经济发展的手段，而是因为在为当地居民带来幸福生活的诸多因素中，艺术做出了不可或缺的贡献。[7]2004年，美国哈佛大学的一项研究发现："世界经济发展的重心正在向文化积淀深厚的城市转移。"文化与城市息息相关，壁画在城市文化建设中占有一定的作用，它可以是城市文化的载体，它可以记录和讲述城市的故事，它可以成为城市文明的窗口，它可以修饰和美化城市的公共空间。当代城市中的壁画不仅仅局限于墙面的静态构筑体，还可以成为城市风格形成过程中的助推器。然而我国的现状是壁画成为城市快速发展过程中点缀公共空间的文化快餐式的装饰，市民和观众往往成为被动接受的客体，这些都背离了壁画艺术的本体规则。

城市作为人类享受文明成果而聚居的特殊空间，它已然成为具有鲜明时代和文化特征的承载者。城市公共建筑中的壁画作品，是反映城市特色、文明水平、艺术品位的重要窗口。随着中国城市化进程的快速发展，公共艺术的政策化将逐渐提上日程。中国当代壁画艺术在当代艺术中的"在场"和繁荣也有赖于此种发展所提供的机遇。当下，我们面临的时代，是一个充满活力、创新与负重并行的时代，又是一个处于转型期的时代，人们的思想观念不断发生不同程度的更新和转变，节奏很快。这种变化与发展，或许是升华，或许是异化，关系着社会发展的前途。[8]推广和传播城市壁画需要获得政府、企业和大众的支持，需要有资金的保障。美国在20世纪60年代成立国家艺术基金会，就有了支持公共艺术的基金。"向美国民众普及艺术"是基金会的宗旨之一。与此同时，美国政府将当代艺术推向大众的另一个举措是"艺术百分比"计划，即通过立法，规定任何建筑项目的百分之一的投资必须用于雕塑或环境艺术。西方其他发达国家也大致如此，如澳大利亚昆士兰州于1999年开始实行"艺术融入"计划，政策要求基本工程建设预算的百分之二用于公共艺术，该计划所设定的公共艺术的工程预算比例在澳大利亚是最高的。该计划实施三年后就创造了500个与公共艺术有关的作品。中国台湾在1992年即以百分之一的政府开支用于艺术。城市公共空间中的壁画作为城市文化的载体，它可以用艺术的方式介入城市设计，也可以成为展示城市历史与文脉的载体，还可以成为市民娱乐、休闲、感受美和艺术的互动平台等等。壁画能够反映公众对空间的认同与质疑，也能反映公众对空间的审美需求与欲望、对精神的诉求，是壁画家对城市文化意象的营造与解构，是用艺术的方式对社会问题进行解读、应对以及憧憬。“壁画要受到公共性的制约和影响，要考虑环境和受众，但壁画同样可以与时代同步，当下的地铁壁画就可以很好地利用这一公共空间来表达当下人们所关注和喜闻乐见的艺术。”[6]进入21世纪，城市壁画创作进入了全面发展的阶段，学术交流与研讨、出版宣传与展览等对城市壁画艺术本体的思考逐渐增强。多种渠道宣传壁画，传统的作品集的出版是集中介绍壁画作品和壁画家的有效方式，仍可以继续推进。利用报纸、杂志、影视、网络传媒进行宣传和推广，是当代最有效的宣传手段。争取创办国家级壁画专刊，专门发表壁画家的理论和见解，让这种声音传播到更广大的区域。另外，壁画艺委会、壁画学会力争策划一些壁画活动，比如策划有学术性的壁画设计与实施的项目，举办各种形式的壁画展览，定期举办壁画学术研讨会，展开有关壁画教学与创作的讨论等。

壁画创作环境的改善是壁画健康发展的外部因素；提高壁画家及建筑师的职业素养是壁画发展的内因；立足地域建筑环境，是壁画创作和健康发展的文化基石；强调创新创优，是当代壁画发展的思想保证。就现实而言，当代壁画在文化与社会的限定下，更适合去探讨提高作品的艺术性，通过对庸俗艺术的摆脱，能够更切实际地探索壁画的未来之路。中国当代壁画唯有在追求中不断提升自己，才会在造型艺术中获得一席之地。[9]经历了改革开放后三十多年的壁画复兴和发展，当我们总结了城市壁画创作的得失之后，我们要满怀激情地寄望于未来。我们在推广和传播当代城市壁画的同时，希望中国当代的壁画家们，能担负起中国城市壁画的时代重任，创作出与时代同步，与城市发展同步，具有较高艺术品质和社会价值的优秀城市壁画。

## 三、城市壁画的未来走向

“视觉有其自身的历史，视觉文化从来没有变得今天这么强大，我们从历史的长河中过来，最终也将在现实与文化中创造出新的视觉艺术。”[10]中国城市壁画创作的未来将如何走向？我们既充满了希望，又心怀忐忑。自觉未来的壁画之路会充满着机遇和挑战。因此，面对当今迅猛变化的时代，城市壁画在发展过程中遇到的问题和挑战，必然会让壁画艺术家们认真思考和重新面对。丹麦哥本哈根未来研究院院长、世界著名未来学家罗尔夫 詹森研究认为：信息社会之后的社会形态为“梦想社会”，并指出工作场所、市场环境、休闲娱乐等方面将发生变化，以情感为基础的梦想市场将超越以信息为基础的现实市场。企业、社团和个人都凭借自己的故事立业扬名，而不仅仅依赖数据和信息。[11]实际上，变化的社会环境和城市空间，恰恰是未来城市壁画创作所需要的养料，它真实、多元、动态、深刻，是壁画创作必需的艺术源泉。如何创造、创造什么样的壁画？或许正是当下壁画艺术家自我完善和检测的标准，机遇和危机并存，与时俱进地进行艺术创作迫在眉睫。戒除浮躁的心态，蓄养艺术素养，以更高的目标作为创作的理想，为“杰出巨作”的问世而付诸实践。中国壁画的复兴和发展，呼唤艺术家的奋起和自我完善，呼唤时代赋予中国壁画新的机遇。“杰出巨作”的问世而付诸实践。中国壁画的复兴和发展，呼唤艺术家的奋起和自我完善，呼唤时代赋予中国壁画新的机遇。

当下中国在文化上还没有真正做到自信与独立，中国的壁画家还没有完全做到有自己的文化价值判断标准和价值标准，“国际风向”还左右着他们的判断力，胆识与魄力完全与他人不同。时代精神与民族性完全可以均衡发展，不能偏重“时代性”而牺牲“民族”文化精神。中国今天的城市壁画艺术已经到了该坚持自己的文化精神，在中国自己的文化渊源中传承与发展。正如意大利批评家桑福所说：“要原创，首先要源于自身。”美国城市规划学者凯文 · 林奇在他的《城市意象》一书中，对城市的理解与意象有关，他认为人们对城市的认识及其所形成的意象，是通过对城市的环境形体的观察来实现的。城市的环境与公共艺术是识别城市的符号，人们通过这些符号形成感觉，从而逐步认识城市。

无论艺术还是科学，当人们在宏观、微观世界中追求得越深入，对理性的怀疑越发频繁，“客观”在被分析极致之后，“主观”似乎成为必然。想象力的无穷，成为人们主动把握世界的唯一信赖。因此，艺术引领时代，尽管艺术的时代先进性常被忽视。正如南条史生所断言：无论是从建筑、都市规划还是从艺术的角度来看，时代正逐渐将注意力转向公共艺术。通过美国公共艺术与市民互动的统计数字可以预见未来壁画的走向。美国著名公共艺术评论家约翰 · 贝克尔调查发现，美国每天与公共艺术作品发生关系的观众数量多达5500万，这个数字与参观博物馆、画廊、剧场等文化设施的观众数量多达1000倍。据统计，每天参观越战纪念碑的人数超过10万人，地铁、机场等公共空间的艺术品每天受到约500万以上的观众关注。其中，美国媒体对公共艺术作品的关注度与对其他艺术形式多达10倍。作为城市文化建设的样式与重要载体，壁画艺术面临我国城市化建设已达到相当规模、经济总量世界第二、文化产业快速发展的新的历史阶段，应从理论到实践方面加以梳理和总结，在观念、视野、胸怀、技法、手段等方面适时更新。这是艺术自身发展规律的体现和需要，是城市化建设的新要求，是艺术与生活、经典艺术与公民文化之间关系的新调整，是城市文化品质持续提升，文化开放，公民眼界拓宽，维护与坚持艺术创作的职业水准、抑制艺术过度商业化的要求。壁画应该是未来最综合、最自由的造型艺术形式，从事壁画的艺术家应具有更专业的技术与知识，具备丰富的历史文化知识、有全球化的视野、善于运用最新的材料与工艺，懂得城市环境与空间的关系。

壁画艺术所服务的社会层面广泛而复杂，不像架上绘画或独立绘画创作那样崇尚个人价值与判断。因此，不应因壁画艺术的社会服务属性而误解和降低它，某些商业的、相对通俗的城市壁画只是艺术家服务于社会的一部分，但绝不是全部，更不应视为唯一的学术目标。李化吉先生曾指出：通俗不是媚俗。因此，城市壁画的目标是服务于社会各个层面，满足公众不同的文化需求，借此传播高品质的文化，引领和提升公民文化诉求，推动文化进步，这正是壁画艺术特殊的使命和职责。

现代科学技术为艺术创作提供了材料、工艺等创新可能。市场对旧形式、旧题材的厌倦以及公民文化的新需求、新口味的变化使得公众对城市壁画的未来有了更高的期待，政府公权力、政府职能与城市综合管理能力与水平的提升，也成为推进城市壁画创作和教学做出积极回应的动因。

未来的壁画，既可以呈现历史的恢宏壮丽，又可以展现生活中的浪漫与抒情；既可以吸收各种艺术的精华，又可以与城市、建筑、空间和谐完美地共处；可以发挥壁画的优势，让壁画的存在带给观众精神上的愉悦和视觉上的享受；是综合的、自由的绘画表现；是

图4 涂鸦壁画《城市皱纹》JR2010年

对丰厚的传统文化遗产、当代艺术的最新观念与思考；具有全球化的视野，应用了最新的材料与工艺；是比以往更加自由与开放的城市环境与空间，国民审美的提高与眼界的开阔，给壁画艺术的创作和表现形式，提供了新的可能与动力。图像消费时代的到来，信息的快速交换，导致了对新观念、新视觉的持续追求与更新，而新技术、新材料的辅佐，使这一追求成为可能。面对这些新的可能，壁画如何适应这种变化，产生新的样式和面貌，逐渐成为新的课题。

因此，在当今世界多元化以及不同文化相互影响的背景下，小到公民的言谈举止、文化趣味，大到自然、环保、生态、战争、民生、经济、政治、道德、伦理等，都可能成为壁画艺术创作的主题与目标。因此，壁画艺术除了具有一定的装饰功能以外，它的公共属性决定了它应以建构国家主体文化为主要目标。假如国家文化核心存在，那么在战略层面，壁画艺术应做出积极的呼应和贡献。作为体现艺术理想和国家文化精神的壁画艺术，城市壁画在为社会提供文化服务的同时，应始终将此作为终极目标，并随时代发展做出适时反应和更新。

未来的城市壁画，应该在改变中国壁画、包括环境艺术的现状的同时，让学术性渗透到公共空间。从先进国家的经验来看，重要的公共艺术作品是政府委托著名的艺术家来完成，以此保证艺术作品的学术品质，这是中国壁画未来的方向。壁画有责任引领大众审美，让每一件公共空间的壁画作品真正属于艺术作品，而不是应景的工程。正如张世彦先生所说："如若我们的壁画集体，也能审时度势、明察秋毫，一举着力于调整生产机制、恢复主导实力、扩充职守项目、开放人气疆界，我国壁画艺术境界之提升，何愁不在今明两日！"[12]追溯当代城市壁画发展的历程不难发现，一些值得思考的问题依然存在：是否依附建筑过度？是否远离现实生活？是否欠缺深层内涵？是否类型样式不多？是否原创含量偏低？是否权益有待保护？是否研究力度不足？是否教学发育走偏？[13]当代壁画在开放之初，中国的壁画家关心的是何种题材与风格才能被接受，而对如何创造壁画的风格却缺少深入的研究；对东西方壁画经验的学习和融合，也无心探讨。至于壁画自身概念的探究，极少有人追问。对经历对外开放、社会转型、文化交流引发的初期震荡、文化反思、多元探索之后正在走向整合和理性创新的中国建筑而言，在全球化背景下，当代中国壁画的出路在哪里？依然是每一个壁画从业者和理论研究者理应关注的问题。

当年，日本人陪法国人参观铁塔时无不骄傲地说"东京塔比巴黎塔高3米。"法国人不以为然地说："我们造塔时并没有想到要比谁高。"不难得出这样结论：顺着别人的思路，永无出头之日。中国城市壁画的未来更是如此。人在宇宙中，尤其在他自己的内心深处和由想象力构成的奇妙迷人的场景中永远是个猜谜者。最伟大和最神秘的戏剧总是展现在个人和集体的心理世界中。[14]城市壁画面临的困境首先需要艺术家坦然面对，寻求解决问题的出路。回首过去，我们惊讶于科技带来的社会变化如此之大，无论是价值观还是生活方式，甚至艺术的形式、内容和风格。我们生活在一个因科技而改变的社会之中，艺术被商业推手而左右，壁画创作伫立在一个矛盾的平台之上。壁画的理论研究如同锦缎的纺织，正所谓“得经纬相错乃成文”。“任何一个时代都有好的艺术家和差的艺术家，我们不用担心艺术家的问题，但是好的社会环境和坏的环境会对这些艺术产生非常重要的影响。”[15]壁画家应该有自己的思考和职责，作为一名中国当下的壁画从业者，无论身处何地，都应该担负起对中国壁画现实的思考和对未来的憧憬，为自己也为我们生存的城市。面向未来，城市壁画风格的取向或许会追求中国风格与城市化语境的创新；需要科学与艺术的完美结合，创作出与城市可持续性的公共艺术；城市、社区的公共空间成为创作的对象；宗教的公共艺术的现代性研究与实践。因此，当整个社会都在满怀热情地享受着现代城市带给人们生活上的便捷和物质上的丰富时，壁画家应该以更高的热情去思考和设计更有诗情画意的城市壁画。

总之，壁画创作环境的改善是壁画健康发展的外部因素；提高壁画家及建筑师的职业素养是壁画发展的内因；立足地域建筑环境，是壁画创作和健康发展的文化基石；强调创新创优，是当代壁画发展的思想保证。多元、综合、融合、创新是未来壁画的走向。就现实而言，当代壁画在文化与社会的限定下，更适合去探讨提高作品的艺术性，通过对庸俗艺术的摆脱，能够更切实际地探索壁画的未来之路。中国当代壁画唯有在追求中不断提升自己，从失语、边缘、困惑的状态中走出来，去清醒地自知和坚定地自立，追求文化的自觉状态，深层次理解壁画与社会的关系，重塑自我，尊重他者，才会在造型艺术中获得一席之地。

这恰如2011年庐山壁画研讨会殷双喜先生所讲，壁画家的未来创作方向可能有三种，一部分壁画大家或专家仍然关注于大型历史性题材壁画，一部分创作与城市建设有关的公共壁画，还有一部分可能在社区或乡下，亲自参与或指导居民美化居住环境。毕竟，能够专注于传统题材的历史性、严肃性壁画的艺术家仅占少数，多数壁画家还要关注城市公共艺术。当然，圆我们心中的壁画之梦，不是仅靠壁画家自身就能解决的。城市的管理者、城市规划师、建筑师们所形成的多学科共同构成的专家人群，他们具备跨学科的思维并能够与政府、社会学家、环保专家进行积极互动，对城市壁画的创作具有直接的影响并负有重大的社会责任。

未来的城市壁画不再是建筑的“附属品”，它和建筑一起在创造城市形象和城市风景，构建理想的城市空间，以公共艺术的身份为城市带来连带经济效益，回报城市的投入，让城市更具活力。因此，提高壁画学术理论与壁画教育水平是壁画发展的内因；改善壁画创作环境是壁画健康发展的外部因素；立足地域建筑环境，是壁画创作和健康发展的文化基石；强调创新创优，是当代壁画发展的思想保证。当然，城市居民自觉的艺术追求也是影响壁画创作的关键因素。筑·美

王岩松　上海海事大学徐悲鸿美术学院，副教授

参考文献

[1] 唐小禾. 壁画创作的可持续繁荣. 美术，2012.
[2]（法）菲利普·葛汉. 表面的深度　中法联合教学教案——绘画·空间·设计. 东南大学建筑学院，Junstone. 南京：东南大学出版社，2011，9.
[3] 蒋安平. 社会学对中国当代艺术的沉重伤害. 当代艺术，2014.
[4] 汤因比.历史研究（上册）. 上海：上海人民出版社，1959：109.
[5] 丹纳. 艺术哲学. 皮道坚//中国现代美术理论批评文丛·皮道坚卷，北京：人民美术出版社，2011.
[6] 皮道坚. 中国现代美术理论批评文丛·皮道坚卷. 北京：人民美术出版社，2011.
[7] 詹姆斯. 海尔布伦，查尔斯.M.格雷. 艺术文化经济学[M]. 詹正茂等译. 北京：中国人民大学出版社，2007，10：364.
[8] 周昭坎.从“画魂”归来说起[M]. 成都：四川美术出版社，2014，3：39.
[9] 王岩松. 壁画创作与建筑的关系分析. 美术研究，2012.
[10] 易英. 公共图像与现代艺术//现代艺术，2001（5）.
[11]（丹麦）罗尔夫.詹林. 梦想社会——第五种社会形态. 王茵茵译. 东北财经大学出版社，Mc Graw—Hill出版公司，1999.
[12] 张世彦. 壁画艺术的经典风范　宜扬厉不宜轻慢.
[13] 张世彦 也曾春风得意，也曾顾此失彼——中国当代壁画二十年的省察.
[14]（德）古茨塔夫·勒内·豪克.绝望与信心——论20世纪末的文学和艺术. 李永平译. 北京：中国社会科学出版社，1992，5：240.
[15] 杭间. 设计的善意. 桂林：广西师范大学出版社，2011：246.

# 论大昭寺壁画艺术的价值结构

文 / 王辉

**摘　要：** 大昭寺壁画是藏传佛教艺术精品，它虽然是宗教题材之作，却凸显了鲜明的时代特征，反映出当时社会生活的历史意蕴与文化精神。本文通过对大昭寺壁画艺术所展示的价值结构进行解读，把握它所传递的文化与精神含义。

**关键词：** 大昭寺　壁画　价值结构

大昭寺建于公元647年，是吐蕃第三十三代法王松赞干布迎娶尼泊尔尺尊公主和唐朝文成公主之后的主要建筑，距今有1372年的历史。它的建筑面积约25100平方米，占地面积约13000平方米。大殿高三层，加上四个金顶和四面角楼，共四层。尺尊公主把她从尼泊尔带到吐蕃的经书、佛塔和释迦牟尼八岁等身像及弥勒法论像等供奉在大昭寺。文成公主将她从长安带进吐蕃的释迦牟尼十二岁等身像和珍品供奉在距离大昭寺一公里左右的小昭寺内，在吐蕃王芒松芒赞时期，将这尊佛像移入大昭寺。因此，大、小昭寺成为藏传佛教发祥地。松赞干布建大昭寺的目的是将佛教传播到吐蕃各地，在吸收其他民族的先进文化的基础上，结合了藏族人民文化与生活特点，形成了独特的藏传佛教，促进了吐蕃文化的发展，巩固了统治阶级的政治地位。随着藏传佛教在吐蕃日益昌盛，历代修缮、扩建和补绘壁画，大昭寺的规模越来越大，其周围的转经道“八廓街”发展成为宗教和商业活动中心，由这条街市发展成为一座文明古城——拉萨（圣地），大昭寺就是这座圣城的中心和象征（图1）。

图1 大昭寺内庭

大昭寺在1961年被国务院公布为第一批全国重点文物保护单位。2000年11月联合国教科文组织将大昭寺作为布达拉宫的扩展项目列入《世界遗产名录》，成为世界文化遗产。在大昭寺一、二层四周和殿内四壁布满藏传佛教壁画，有佛陀本生故事、历史人物、重大事件、雪域民族传说等，内容丰富，堪称是绘画版的百科史书，对宗教、历史、文化和艺术具有很高的研究价值。

大昭寺壁画虽为藏传佛教题材美术作品，却反映出西藏社会的历史意蕴和文化精神，具有鲜明的时代特征。壁画中的人物虽然表现宗教题材，却深刻地反映着古代西藏的社会生活。本文通过对大昭寺壁画所展示历史与文化内容进行解读，追寻它所传递的艺术价值结构，目的在于深刻了解藏传佛教文化的源流，推动传统文化的继承、创新与发展。

大昭寺“壁画艺术”的“价值结构”是指艺术品反映出当时社会生活的历史意蕴与文化精神，包括形式的价值、抽象的价值和精神的价值三个层面的含义。形式的价值就是美的样式，景象与意境构成和谐的视觉语言世界，能够启示人们探讨更深一层的真实。抽象的价值是绘画带给人们主观感受的价值，是审美意趣的深化与丰富。精神的价值是启示人生深层意义与境界，是心灵深层次的感动。本文从以上三个方面分析大昭寺壁画的艺术价值。

## 一、大昭寺壁画形式的价值

艺术直观性存在的价值就是美的形式价值，它体现在绘画的位置经营、形象刻画、意境营造、工艺制作等方面的价值。大昭寺壁画在构图上，佛陀

图2 千佛廊

采用垂直线对称法，有稳重均衡之感，凸显主尊的神圣气势。由于大昭寺壁画面积巨大，各个部分的衔接主要采取“之字形”构图，形成横卷式连环画，采用平视、仰视、俯视相结合的散点透视画法，即使在表现许多壮观而宏大的场景也驾驭自如。在一个“之”字形独立的部分里，描绘一个佛本生故事，或者一个主题，一个场景，每个部分在连接过渡上，饰以云纹或少量花卉，既有绘画衔接的自然与生动，又有佛国世界被人们仰望的清静、庄严与虚空。

大昭寺壁画是唐代绘画风格的延续，经明、清时期发展，形成具有完善的藏传佛教绘画体系，主尊居中轴线的棋格子形式的对称构图法，已经发展形成具有一种民族特色的绘画形式，在宏大的壁画场面中，故事以直线、曲线和环形线的形式展现它的完整性和连续性。画师们以敬虔的心态和娴熟的技能熟练表达整体与局部的秩序美，生动表达人物的神态和天上人间美好的意愿。从佛陀到凡人、从自然到景观、从藏族由来的传说到精神的仰望，丰富的内容被表现得井然有序、冷暖相宜、虚实相生，仿佛把人们对宇宙认识的理想模式——坛城曼陀罗密宗义理凝固在永恒的时空中。

大昭寺壁画融合我国壁画多种技法，运用线描重彩画法刻画各类形象，整幅壁画呈现一派金碧辉煌的气氛。壁画全部由不透明天然矿物质藏颜料绘制而成，许多地方采用了贴金、堆金、填金、泊金和描金手法，画面凸起部分富有立体感，人物衣服上的花纹、兵器及建筑上的装饰都是堆金、贴金和填金描绘而成。论及画工的精细缜密，绘画场景的宏伟，大昭寺壁画堪属第一，比起西方文艺复兴时期的壁画也毫不逊色，其严谨的艺术构思和精细的表现手法，令人叹为观止。

大昭寺是西藏最早的木构建筑，吐蕃之后，已经历代，5~8世纪达赖时期多次修补扩建，壁画面积达到4000多平方米。它是“吐蕃”到“近期”唯一保存较为完好的藏传佛教壁画艺术品。大昭寺转经廊壁画绘有佛陀、菩萨、金刚、叶衣母等密宗像。用黑色铁线勾勒，形成自由、流畅、淳厚的艺术风格。旋转的五彩火焰纹，犍陀罗式花蔓卷草，产生了奔放的旋律和秩序美感，所有这些形象都绘在重色的底墙上，仿佛黑夜中显现神秘像，产生了诡秘、深邃又恐怖的气氛，充分表现了犍陀罗艺术特点。

大昭寺壁画对人物的刻画合理准确，章法严谨，扎实造型落落大方，朴素自然。其中对观音和菩萨像刻画艺术成就最高，她们身上的臂钏、腕饰和璎珞用沥粉凸绘，很有立体厚重感，衬托出丰腴细润的肌肤，虽历经多年的风尘，她青春依旧，让人们

图3 群像

感受到璎珞下轻轻地呼吸。虽然有些壁画形象已残缺，但仍然给人们留下优美的体态与遐想。

在一层“囊廓”，即内转经道左侧有一铺壁画（图2）有数十尊释迦牟尼画像，人们称其为千佛廊，它表现释迦牟尼生前讲经说法等事迹。大昭寺主尊画像完全遵守佛教绘画典籍绘制，用暖色（金或橘色）画肌肤，丰满的圆脸、高髻、大耳无饰环、内有红色僧裙系绿色带，外披红色或橘色袈裟。袈裟上装饰精美的图案，有花卉，或几何图案，结跏趺坐，掌心绘有法论。以绿色和深蓝色画头光和背光，凸显主尊庄严的形象。在西藏，无论绘画大师还是学徒们在绘制释迦牟尼佛像习作时最爱说的一句话是“若是身像不圆满，徒尊量度有何益？这句话强调的美是对绘画法度的能动性理解和创造。这就意味着造像量度只能起到把握大体比例的作用，有更多细微之处的美，仅靠造像量度不能得到解决，因此需要画师花数十年的时间进行训练和自我超越。对美的不同理解，又使画师们得以在法度之内的创造呈现出多样性。”[1]这说明寺庙壁画佛像的尺寸、比例一定要符合《造像量度经》中所规定的标准，但也蕴含画师们主观理解与再创造。

大昭寺壁画绘有许多佛像，线条流畅遒劲生动，造型严谨中有大胆的创造，设色以平涂为主，简练概括。主体红色在绿色头光和背光托衬下产生强烈对比。在比例上虽然遵循量度法则，但是每尊佛像各具神态，若仔细观赏起来，佛众们结跏趺坐的姿势和手印又各具神态。壁画里的菩萨、度母更是温婉姝丽，有人间崇尚的极致美。罗汉的敬虔、贵族的庄重、凡人的期盼、恶人的悔悟与被惩罚都惟妙惟肖地展示在佛国的世界（图3），只要回眸一眼，便得无限。美的形象与心中的感动，在和谐的画卷里映射出一个“真心”所照临的“美”的世界。

寺庙壁画伴随着佛教的兴起而兴起，它们把抽象深奥的佛教义理转化为直观可感知的图像，创造出一个唯美的、独特的、鲜明的藏传佛教壁画艺术形式，是藏传佛教信众特有的信仰媒介和途径，也为人们研究藏传佛教壁画艺术提供了丰富的内容。

## 二、大昭寺壁画抽象的价值

艺术寄托人们深远的境界，揭示人生情景的仰望义理就是生命的价值，就是艺术塑造人物情感状态的形象，表达幽深的意境，以绘画描写人们情感形象就是它的抽象价值。绘画以象征的方式描绘人生仰望的普遍性，在绘画的形象中，体会人生的意义价值，人心的真实。从可视的物象发现它最深刻的寓意，不仅有美的形式，“美”里还有“善”。

远观壁画上部，每组佛众菩萨浮驾于祥云之上，不即不离、若即若离、似语不语、似静似动，把你引入仙境，带给人虚空宁静的感受。

壁画美的价值只是收获人生感动的第一步，就客观方面来说，因美而求“善”，把生命的情趣意向丰富、扩大与升华，追求“善”的价值，就是壁画带给人们生命中一个更为睛朗、更为温情、更为智慧的感动。在艺术世界里，让人们默会于天地之中，感受到对生命的热爱。

佛陀是佛教中对觉行圆满，自觉觉他大圣人的尊称，是众生心中最稳定、最完美的含义符号。菩萨是觉有情、道众生、道心众生，还有开士、无双、大士等译法，就是“修行功德圆满”，是“真如”、“佛性”的别名。在藏传佛教中白度母的称谓与菩萨相近，大昭寺壁画中的白度母（图4）手持莲花，表示智慧纯洁无染；度母手持宝镜象征清澄空明的修行境界；度母手持宝珠或如意，行种种方便利益众生。宝珠象征着自在，如意象征回头，人们在烦恼中回头就能如意，就能解脱，生欢喜心。度母和菩萨形象温婉美丽，利益众生的悲悯之心，善良之心。大昭寺壁画借用意象的真实，表现深刻的真境，灵想所独具，非人间所有，以幻想入善，这种善是用绘画的“象征力”启示义理的真实性。

因从善而“成佛”，罗汉是小乘佛教所追求的最高果位，居士要成为罗汉，到时间不出家，就有死掉的可能，所以成罗汉的都是和尚，他们围绕在主尊下方，罗汉蓄有胡须，在一定程度上，罗汉嬉笑怒骂、神态迥异，尽显人间悲欢，有的罗汉形象甚至丑陋，却表现出一份顽艳，他们与姝丽的度母形成鲜明的对比（图5）。罗汉是由人到佛修炼的过渡阶段，在艺术形象上起到对比作用，在真实含义中体现了悲悯之心所需的“即身成佛”的愿望。藏传佛教最高目标是成佛，认为信仰者通过感受正确的意念和利用人的复杂神经系统进行意念调整，完成由己身到佛身的转变。度母、菩萨、罗汉等形象体现了信众对“即身成佛”愿望真实的象征性。

在大昭寺壁画中有许多人间景象，山脚河流，小路清泉，行列人群；还有楼宇院落、富贵人家等，华丽的建筑里有主尊、度母、罗汉与贵族供养人在一起的佛事活动画面（图6）。天上人间一派祥和景象。这些场景表达了人们对待生活和信仰的一种乐观、向上的理想的存在方式。壁画中的罗汉、贵族和普通供养人是佛教本土化和民族化重要标志，他们的绘制很少受到量度限制，甚至超越了宗教艺术的边界，表现出重要的历史文化信息，例如纺织工艺、金属制造工艺、建筑家具、体育竞技等内容。壁画不仅散发出浪漫主义气息，还体现了艺术的象征价值，人们在壁画的形象中可以体验人生的意义，人心良善的收获。在画卷中，人们这种感悟是艺术本身的内容，即“善”。壁画里不仅包括美，且包含着“善”，这就是它的生命价值，也是艺术的抽象价值。每到西藏常看见虔诚的藏民到寺庙里进行佛事活动，中华人民共和国成立前期大多数人接受教育的机会少，无论在蹉跎岁月里，还是当下富足的生活中，他们靠着流布民间的智慧，持守民间的善信，探寻生命的价值。大昭寺壁画抽象的价值是从佛陀、菩萨等形象特征的含义里获得的，他们悲悯的目光，手持器皿的象征意义体现出利益众生的悲悯之心，善良之举。壁画中的神祇形象、自然风光、宫殿楼阁广博严丽，表现了佛教美学所具有的普世性特征——“即身成佛”人格完美的理想诉求，壁画艺术抽象的价值就是它带给人们主观感受的价值，是审美意趣的深化与丰富。

4

5

6

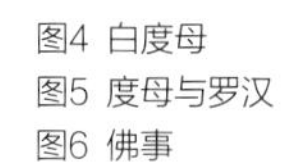

图4 白度母
图5 度母与罗汉
图6 佛事

## 三、大昭寺壁画精神的价值

艺术里面不仅有“美”和“善”，还包含着“真”。“真”的领悟需要人们通过多层次的思考才能达到人生的境界，这份收获与心灵为一体，就是艺术的心灵价值。艺术的高深境界是象征的、幻象的、非人间所有的，是“千里共婵娟”的“地方”。它预示了精神世界高级的真实、仰望的真实和理想的真实。大昭寺壁画使用象征和夸张的艺术表现手法，借幻境表现真境，由浪漫的意境入真境。象征手法主要体现在服饰、持物、道具和背景上。“信徒们借助本民族固有的服饰，把衣、冠、履、带充当道义中‘天人感应’的媒介，古服饰文化蒙上了宗教色彩。”具有“‘统天地于冠内，笼道义于服中’的服饰写意功能。”[2]只要看看人物的服饰、花卉植物的繁茂和楼阁的华丽，就能体会到民间愿望在宗教壁画理念中的魅力。夸张的手法主要表现在天王、金刚和惩罚恶人的造型上。威武的天王是人们赋予其超然法力，表达了人们所需要的安全感。罚恶是人们的愿望之一，在壁画中有多处这种的场景，极具夸张超现实绘画手法，从反面规劝人们要有方正的言行。

大昭寺壁画更注重表达“境界”，它无处不在，潜行于作品之中的精神境界与纯粹，是去伪存真的博大智慧。壁画人间场景运用景物为衬托，表达人间意象，使绘画语言富于强烈的艺术感染力。在主尊、度母、罗汉、贵族和凡人于自然景观中，具有象征意义的意象里，领悟人生的大智慧。大昭寺壁描绘了《华严经》（卷一）世主妙严品第一之一场景，佛在菩提场中，凭着个人的悟性，始成正觉的绘画世界。“宝树行列，枝叶光茂。佛神力故，令此道场一切庄严于中影现。”[3]画面在色彩冷暖处理上和谐而富有对比，散点透视的运用，既彰显穿越时空的宁静，又富有深邃的立体空间，反衬出上下部分的庄严和明净。体悟世间变幻万千，保持心灵的宁静与自由是修行的一种要求与境界。

在寺庙壁画中，引起人们关注的往往是人物，虽然对云纹的认识与研究较少，但是云纹在壁画形象衔接中的地位与价值功不可没；在烘托超然世界意象中的氛围与作用非它莫属；在演绎宗教义理皆遍法界的清净庄严中的意境与魅力中，令无数学者流连忘返。大昭寺壁画的云纹数量众多，体感强烈，效果醒目，既有形式美感，又表达出深奥的义理。

云纹在佛教典籍中蕴含了深刻的人生哲理，它代表虚空又充满；解脱入华慧；光明不散灭；诸佛教化众生事等丰富而深刻的含义。大梵天颂言：“佛身清净常寂灭，光明照耀遍世界。无相无形无影像，譬如空云如是见……如来自在不可量，法界虚空悉充满。一切众会皆明睹，此解脱门华慧入……”[4]这四句颂言表达人间没有真正的烦恼，越执着，越痛苦。要摧灭一切傲慢、嗔害心，行解脱门而成正觉，云就是无相无形无影像解脱的象征，寓意佛教典籍中抽象、虚空、解脱、无碍、自由等义理的深刻含义。

云纹在表达佛教义理的同时，还体现出繁多种类的名称，具有不同作用与含义，云的概念种类在佛教典籍中极多，但是主旨是相同的，雨来自如来道场众海，世主悟道，求解脱就是供养，就像藏传佛教主张崇拜喇嘛，只有从喇嘛那里得到教诲才能入佛、成佛。喇嘛就是上师，皈依喇嘛才能皈依佛、僧。明代皇帝皈依喇嘛，所以才有大量的封授、供养、造塔和法会等活动。供养就是修炼成就、道法、欢喜等，尤其是心生欢喜就是供养。供养云就是世主没有烦恼，入解脱门，心生欢喜的精神状态，从而实现“法云广大第十地，汉藏一切遍虚空……”[5]在大昭寺壁画云纹整体布局气势磅礴，十分壮观，立体的云纹簇拥着佛祖、菩萨。在“之字形”构图的边界上有丰富变幻的云纹，是每一个绘画主题故事之间和谐的链接符号，云纹把抽象的奥理转换为通俗易懂的绘画形象。

佛学思想乃是寺庙壁画艺术创作的滥觞，寺庙壁画彰显佛学文化的广博与严丽，深邃与境界，从思想到绘画体现了人们对大千之义一窥宝偈，庆溢心灵的想象与感悟。

壁画形象上的美感、生动和祥和的景象，能够表达人的情调与善良，从审美感受到人生体验，这里不仅有“美”和“善”，还有经历多层次人生体验和感悟与人的精神在一起，由象征入“真”，艺术的价值启示着人生最深刻的真实，它需要借助于艺术的象征力和感染人的心灵与意境来实现。

艺术同哲学、科学、历史和宗教一样，也启示人生最深的真实。“美”是艺术作品和谐的直观性存在方式；“善”是艺术品仰望义理的生命价值；“真”是艺术品感动人生心灵的价值。每一个伟大的时代都会用艺术表达生命精神的最高境界，人们从艺术与文化中汲取精神，给予心灵的力量，艺术对人的启示作用，就是它的精神价值。

大昭寺壁画在美的形式中呈现历史意蕴和文化精神，凸显了鲜明的时代特征和民族特征，表达了现实世界人们精神的价值。虽然大昭寺壁画用佛陀、菩萨等形象的艺术作用以象征手法诉之于人的心灵，同时还呈现历史史实的感人画面，壁画上有藏文，说明事件的真实性，壁画的内容引导藏民对美好现实生活体悟中更深一层的“真”。文成公主入藏后，松赞干布统一吐蕃、创立文字、引入佛教，当时整个西藏进入如谚语“老母背金”景象的全盛时期，“老母背金”比喻和平安宁，富足强生的全盛时期。人们安居乐业，西藏安详太平。在大昭寺壁画有一处是“老母背金”景象图（图7），壁画中还有后人纪念松赞干布的明政而举行的各种活动，白面

图7“老母背金”景象

具是藏戏表演（图8），各种乐器，跳雪狮、虎牛等舞蹈，以及赛马、武术、举石、赛跑等体育竞技运动，是我们今天领略古代藏民丰富多彩的音乐、舞蹈和民族体育的重要资源。作为藏传佛教的大昭寺壁画人间部分内容极为丰富、题材广泛，这是藏族艺术史，如“西藏史画”、“舞蹈杂技”、“举重摔跤”、“划船赛马”等。画家以精湛的技艺为我们勾画出古代藏族的民俗风情画面，充满和谐之美，使芸芸众生感觉到祥和的生活。人们期盼和向往吉祥的生活是大昭寺壁画艺术启示人生最深的感悟，是由幻入真的精神价值体验。大昭寺壁画不仅呈现艺术的价值，又凸显了鲜明的时代特征，反映出当时社会生活的历史意蕴与文化精神。

大昭寺壁画艺术的价值结构，说明它不仅仅以精湛的技艺营造了一个“美”的世界，同时还展现了佛教义理兼审美之需应运而生的那种磅礴、庄严、恢宏、华丽、苍凉与狞厉的艺术境界。让人们在审美过程中体验出天人、物我和主观、客观相统一的自觉意识，是对“恶”的回避与反对，是弃恶向善。在壁画艺术形式的价值审美中，使人们产生宁静、愉快或者从内心痛苦和冲突中升华为心灵净化的情感体验，让人们懂得艺术品抽象的价值，人心的规则就是“善”。佛教被称为“像教”，壁画是其重要的组成部分，大昭寺壁画内容多系佛陀、菩萨、度母、罗汉和大黑天等，他们都是护法善神。善是“中国美学史关于人格美学的独特的佛学表述”[6]。人格完美是一种理想主义的成佛论，是佛教义理对这个世界和人性被改造并沿着完美方向发展的愿望，这种理想在世俗中是不可能实现的，这一人格美的超验诉求通过绘画的形式影响了世俗人格的审美及其理想的建构，美就是道德之善。在大昭寺壁画里，白度母是把理想的人格美融入神祇的形象里，让人的心灵清楚地走进了宗教艺术的殿堂，使神祇的形象向人的心灵说话，这样才能达到现实与精神的完善。大昭寺壁画神祇的人格美是现实生活中人类绝对精神的写照。在寺庙大门两侧墙面绘有四大天王，他们手中的器物代表民俗学视域下的风调雨顺之意；有的梵天手持麦穗，表现了人们希望五谷丰登，她的目光悲悯，代表了她是大地之母的包容、给予和善良。大昭寺壁画在人物个性、含义和表情方面具有深刻的思想性和高超的艺术价值，它在人性与美关系上，展现出以人为载体，神祇才能显示出个人的威力的人文主义情怀之美。大昭寺壁画达到一个很高的艺术层次，就是在于画家从人的内心找到更完美的形象，使神祇的人性美再回归心灵。

图8“老母背金”景象局部

在寺庙壁画审美实现的过程中，常常会产生自觉意识，是壁画形式的价值和抽象的价值最后和最深的价值体现，引入精神飞跃，超入美境，就如大昭寺壁画许多形象都是在云纹簇拥中，表达了佛教的抽象、虚空、解脱、无碍、自由、生欢喜心等义理的深刻含义。壁画能进一步引人“由美入真”，认识世界的核心，让人们体悟它的更深层含义，就是艺术品精神的价值，人们在欣赏和体悟中获得生命的“真”精神，重新获得真自由、真解脱、真欢喜等生命的核心价值。

大昭寺壁画的价值结构有三层含义：形式的价值、抽象的价值和精神的价值。壁画的形式价值是艺术“美”的客观存在。人们在欣赏美的形象含量与特征中，在于成就艺术本身的基本内容，从中获得人格完美诉求的感动就是“善”，是生命的价值，也是壁画抽象的价值。壁画精神的价值是艺术品最高成就依据，即“真”，壁画图像的描摹本是幻想的、象征的，人们可以在这些图像中，感受“人生的意义”，艺术形象里最深层的含义，“美”里包含着“善”和“真”。“真”可以使人心灵坚固、胸襟广大，它是艺术品象征力作用于人的心灵直观感受，让人们在美的世界里收获生命的感动。艺术同科学、宗教、哲学一样，探索宇宙人生最深层的真实，艺术的价值结构也是人生的价值结构。筑·美

注：本文所有图片来源均为王辉拍摄。

王辉　北方工业大学建筑与美术学院，副教授

参考文献

[1] 王建民，刘冬梅，当增扎西.西藏唐卡的传承与保护.北京：社会科学文献出版社，2018，6：65-66.
[2] 张亦农，景昆俊.永乐宫志（卷十二）太原：山西人民出版社，2006：296-297.
[3] 宗文点校.华严经（卷一）世主妙严品第一之一.北京：宗教文化出版社，2015，11：1.
[4] 宗文点校.华严经（卷二）世主妙严品第一之二.北京：宗教文化出版社，2015，11：18-20.
[5] 宗文点校.华严经（卷五）世主妙严品第一之五.北京：宗教文化出版社，2015，11：76.
[6] 王振复.汉魏两晋南北朝佛教美学史.北京：北京大学出版社，2018，3：270.

# 艺术视角

Art- Reading

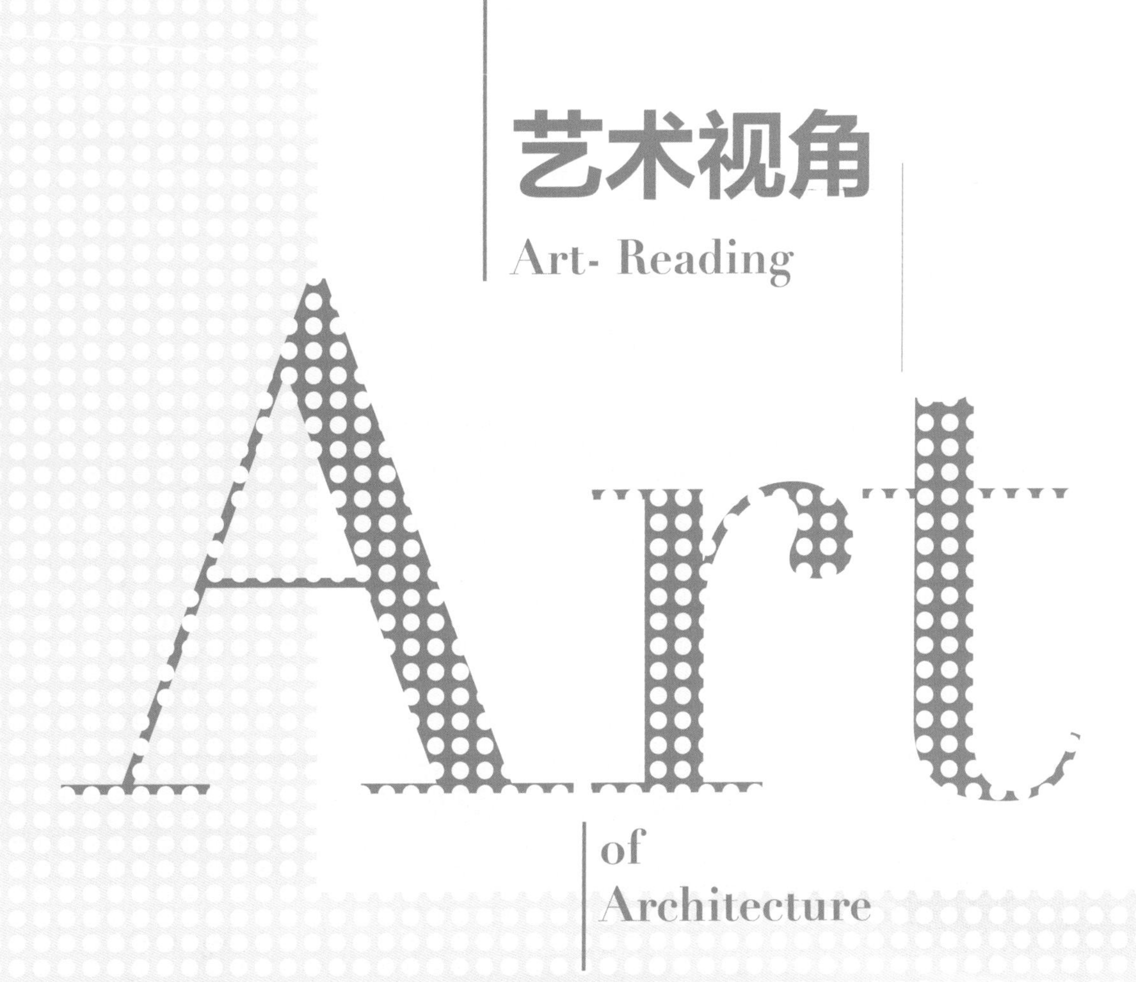


of
Architecture

# 感悟生活 意蕴紫泥

文 / 刘秀兰

**摘　要：** 陶瓷艺术是一种古老的艺术。这种艺术在现代仍未过时，而且生命力十足。在进行陶艺创作的过程中，我们不仅仅是在完成一件艺术品，而是在其中体会生活、自然，甚至是生命。在我的创作历程中，获得了许多感悟，同时我也会将这种感悟注入我的作品之中，让我的作品内涵更加丰富。总之，陶瓷艺术是我生活中不可或缺的一部分，在陶瓷中蕴含的自然与生活之美具有十足的魅力与活力。

**关键词：** 陶瓷艺术　自然　生活　创造

陶瓷之本身，先为应用，后为审美，其历经技艺的锤炼和学养的提升方能称谓陶瓷艺术。土汇于水，而成于泥，泥汇于火，则成为陶瓷艺术。尤其在当代，优秀的陶瓷艺术不仅仅体现于陶瓷造型与颜色变化多样性的表象，更重要的是通过陶瓷艺术自身语言而阐述一种审美趣味与文化追求的意境品质。

## 一、中国陶瓷的文化渊源

"中国的制陶，像一条巨大的历史长河，已经流淌了近万年。从各种灰陶、红陶，及至彩陶和印纹陶，集中表现了工艺技巧和艺术智慧。"陶瓷艺术也随时间的流变而不断地发展和演变，迄今为止，陶瓷艺术已渐渐成为一门独特的、综合性的艺术学科与表现形式。任何一种艺术，其表现形式都是很重要的展示载体，是艺术家表达自我理念的方式，即作品艺术水平的袒露。一件优秀的艺术品，形式和内容是相辅相成的，没有完美的表现形式就不能充分刻画作品的内涵，而没有深刻的思想主题，表现形式就变得空洞平淡。在今天，特色鲜明、形式多样的陶瓷艺术越来越被民众接受和品鉴。尤其艺术的审美价值和样式的追求更与时俱进、精彩纷呈。如此，艺术之道才能走得更稳健、持久。值得一提的是，在当代大美术与大设计的语境下，无论是传统意蕴的陶瓷艺术，还是当代时尚的陶瓷艺术，"土与火"的交融是一成不变的，形式之变化，是观念在

1

2

图1《唐韵系列之三》
材料：紫砂，尺寸：22×25×64
获2014年庆祝建国65周年美术暨第十二届全国美展选拔展和第十一届中国陶瓷艺术大展获银奖

图2《贵妇人之二》
材料：紫砂，尺寸：28×28×46，2005
获2007年首届中国美术教师艺术作品年度入围奖

3

4

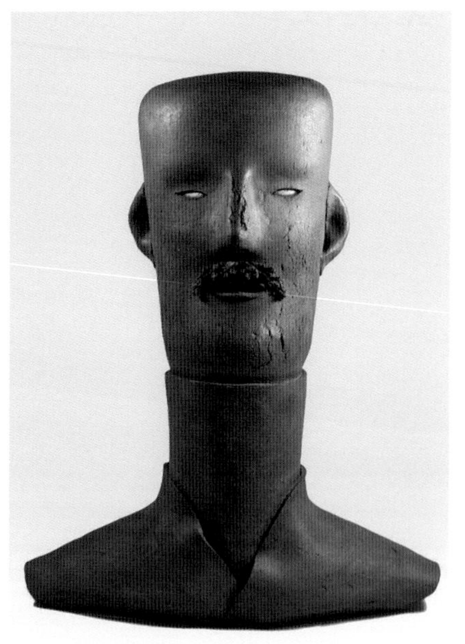

5

图3《艺术家之一》
材料：紫砂，尺寸：20×22×32，2008
图4《艺术家之二》
材料：紫砂，尺寸：23×27×38，2018，入选第五届全国中青年艺术家推荐展
图5《绅士系列之二》
材料：紫砂，尺寸：19×40×48，2007，2007年入选上海当代陶瓷艺术家提名展

进步。当然，"土与火"的陶瓷艺术是科学性、艺术性和综合性的文化体现。悠久的历史、不断创新、不断发展，由生活到艺术，从实用到审美，人们在艺术形式中也越来越趋于个性化的完美追求，尤其是在科技发达、经济繁荣和信息化快速推进的当代，民众已越来越不满足于陶瓷艺术基本的简单样式和偶然性颜色变异，更多地关切陶瓷艺术作品背后有文化内涵与美好故事的呈现。换言之，这在考量陶瓷艺术家在创作高水准的同时，更要提升和完善陶瓷艺术作品的审美品质及民众群体的普及性。

## 二、自然之美

众所周知，自然之美是无限的、纯美的。自然赋予了人类精彩一面的同时，也给人类制造了梦幻般的契机，从大自然中我们深深感知自然的无穷魅力，自然创造出千变万化的、精彩的物质世界。确切地说，陶土源于自然，是丰富而难以言传的自然瑰宝。从艺术的角度来看，天然的泥土更具有可塑性和偶发性的奇迹可能。笔者以为陶艺雕塑与纯粹的雕塑采用不同陶土的特性，给予艺术家在构想与制造作品时充分发挥创造力的空间，并充满了偶然性的理想作品。而柔软的陶土历经烧制之后变得更坚韧、挺拔，趣味浓浓。同时，在烧制的过程中，还会增加创作的可塑性、艺术性。陶艺雕塑也是创作者思想和自然规律的交融结果。当然，在陶艺创作时运用打片、卷曲、舒展、屈折、摁压的手法形成撕裂、突破、收缩等空间形体的变化，让陶瓷艺术家心的灵智，通过手的运作来完成与泥土的对话，并经过火的锤炼、材料、形式与作品主题形成融合的衔接，达至新的观念、新的构架、新的形态。所以，创造的空间充分呈现了自我世界的激荡与思虑，泪水、汗水与欣喜渗透入我的生命和圣洁的陶土艺术当中，因此使人乐此不疲，并感到其乐融融。

## 三、创作感悟

如果说，艺术源于生活，其审美趣味则要高于生活。所以，我的陶艺雕塑作品基本上反映了对自然和生活的探究、思考与热爱。一个是再现了客观事物最美的一部分，另外一个是对自然世界的重新认知和心境的感悟，只有放之四海，才会有创作更优秀作品的可能。譬如，作品《贵妇人系列》、《唐韵系列》就是诸多作品系列之一，作品内容与形式取材于中国古代贵族高雅、智慧、有修养的人物形象造型。其表现于古代贵妇人的形象是我作品要阐述形式之一，形态端庄矜持，双手平放于胸前。形体表现富贵之气，强调其贵、雅、智的内在修养。五官塑造简练，留有想象余地，表情具有汉代陶俑的特征：木讷与灵智。造型之尽可能地做简洁处理，重视神韵而不拘泥于具体的表象手段，在瞬息变化中把握泥感的变化，将贵妇的形象从空间、肌理以及土与火碰撞的痕迹中表现出来，赋予雕塑强大的生命力，给观者无尽的想象空间，宛若她的内心要向我们诉说什么……可又安详地坐在那里，是那么清静、安详。

《艺术家系列》、《绅士系列》等作品是取材于身边的师生、同仁和挚友，作品的形态神情则源于印象中的生活细节和场景映像，其传神、姿态而不拘于一般的形式，追求求神、求似、避繁就简的艺术表现方法，是一个高品质的追求境界。"实"与"虚"的对比更加凸显作品的艺术张力。"实"是一种技能的再现，"虚"是一种文化的呈现，"虚"、"实"相间才相得益彰，作品若即若离地捕捉到了人物的神态与音容，又与现实世界拉开距离，呈现出完全不同的艺术世界，给予作品无限的灵动空间。用简洁的手法表现人物的特点，表现艺术家自信昂扬、精神焕发的精神气质。

6

7

8

图6《陆羽》
材料：紫砂，尺寸：42×35×80，2009，入选第十一届全国美术作品展
图7《诸子系列之3》
材料：紫砂，尺寸：38×40×83，2012，入选第十二届全国美术作品展
图8 《大师系列之1》
材料：紫砂，尺寸：47×39×72，2014，2016年刘秀兰雕塑个人作品展

《茶圣陆羽》的诞生源于日常生活中的感悟，基于对茶文化的喜爱。我选择了陆羽品茶撰写《茶经》时宁静沉思的那一刻：左手轻轻搁于左腿上，手里轻卷的文稿，正是凝结了自己数十年心血的《茶经》。眼神专注，凝望着漫山遍野的茶林，神态颐然，体态飘逸，此情此景尽显茶圣其文人超凡脱俗的儒雅风范。这件作品充分表达了我对茶文化的理解以及对陆羽的敬仰之情。在造型基础上尽力简洁处理，追求神韵、外形和神态的清晰明朗与服饰的朴实无华，力图体现陆羽“精行俭德”的座右铭。粗犷的肌理变化、朦胧的印象效果是为了使作品更接近于自然的原质：陆羽整日所奔波的山冈茶园春雾蒙蒙，或是贡茶院内蒸汽朦胧，声声沉沉的制茶气氛……以茶为灵感，以泥为媒介，陶泥在火中的锤炼中凸显了丰富的肌理，使之作品更接近自然的质朴之美。

如果说泥土在艺术家手中获得了生命，活灵活现。那么，“土与火”的碰撞舞出了生命的光芒，陶艺创作于我而言已成为生命中不可或缺的一个组成部分，每一件作品都如同我生命的延伸和思想的再现。在《大师系列》中，我力求表达中国传统文化的艺术理念和精神气质。用写意语言表达泥性效果，形态自然生动，端庄稳重，线条的飘逸浑然一体，在造型处理上强调了线条的变化、流动、曲折的方式，充分利用泥片的柔软性、延展性和可塑性，强化了雕塑的扩张感与张力。当然，无言的泥土和有形的艺术相结合，赋予了自然和谐之美。人与自然，人与陶、人与人之间产生了共鸣。但我更强调线条和造型的把握，更强调节奏和韵律、动与静的关系，希望把女性的柔美和意志的刚强，通过陶土揉捏、捶打、卷曲，把我的生活感受、人生领悟和喜怒哀乐抽象地表现出来。我以手中的泥土宣泄着我内心的情感，在泥土中揉进了人生的喜悦、忧愁、快乐和忧伤。泥土早已成了我生命的伴侣，倾诉着我对生活真挚的爱。一件件作品在手中一一诞生，它们如同我的孩子，每一件作品都寄托着一位母亲对儿女的牵挂和对艺术创作的执着追求的责任。

相比之下，我的陶艺雕塑更重要的是追求文化意蕴和造型气韵的语境，如：作品《诸子系列》整体造型注重气韵贯通，塑造时要一气呵成。宇宙万物均有“气”之存在，而雕塑造型的技艺也要顺气，才有“气韵生动”的可能。我认为“意”是相对于“实”而言的，意源于实，并通过写意来表达，将客观事物的真实性再现于创作当中，强调其内在规律与视觉审美，并且抒发自己的内心感悟，注重气韵的贯通为之。正如庄子所说：“天地与我并生，万物与我为一”，“天人合一”的美学思想、浑然天成的外形，具有高雅、平淡、宁静、超脱之美也是我长期以来一直努力追求的艺术境界。对大自然的热爱，赋予我艺术创作的热情，有艰辛，才有愉悦。

## 四、结语

总而言之，陶瓷艺术源于生活，形式多样，精彩纷呈。我在以后陶艺的道路上将不断地探索、创造，让“土与火”陶瓷艺术的碰撞出现神奇的故事，让古老的陶瓷艺术焕发出新时代艺术的气息。筑·美

刘秀兰　同济大学建筑与城市规划学院，教授

# 观看的变迁

文 / 艾妮莎

**摘　要：** 观看是艺术作品传播的最终环节，也是艺术实现其价值的重要步骤，只有经过了观看，艺术才真正完成了其创作过程。随着时代的变迁，由于观看环境的变化，艺术作品的观看方式发生着改变，观看在艺术中的分量也不断发生着变化。现代艺术出现之后，观看的环境与方式成了艺术作品呈现其含义的决定性因素。

**关键词：** 观看　环境　现代主义　当代艺术

观看是视觉艺术赖以传达的基本方式。视觉艺术随着时代的发展早已不在恪守固定准则，绘画、装置、新媒体等艺术形式不断地更新着观看方式，观看环境成为作品重要的组成部分。伴随着艺术史的发展，人们对于艺术品的观看方式一直处于发展变化中，每个时代的视觉艺术都有其特有的被观看法则，这种观看法则在现代艺术到来时发生了巨大的转折。

在这个转折发生之前，东方艺术与西方艺术中也有着极为接近的观看方式。中国北魏时期所绘制的敦煌壁画，如《萨垂那太子舍身饲虎》和文艺复兴早期的绘画如马萨乔于1425年左右创作的湿壁画《纳税钱》（图1），都是在一块完整的墙壁上用连环画的形式表达所要传达的教寓故事。在《萨垂那太子舍身饲虎》图中，画面以故事发展的最扣人心弦的情节即太子舍身饲虎的场景作为中心，其他故事的情节在周围环绕展开，为中心情节的展开进行衬托。在马萨乔的《纳税钱》中，也包含了多个故事情节，但与《萨垂那太子舍身饲虎》所不同的是《纳税钱》各情节图像所占比例相同，且用更准确的空间透视方法去表达线性的时间轴故事，使画面本身具有了观看的完整性。画面前景的主要部分描绘了耶稣命令圣彼得去捕鱼，画面左边的中景表现的是圣彼得正在捕鱼，画面右侧的近景则是彼得把从鱼肚子里取出来的钱交给城门守卫。两件作品都以线性叙述的方式，将完整的画面一次性地呈现在观众眼前。在这里，观众为画面的故事情节所引导进行观看，观看主体的自主性被图像内容所限制。

图1 马萨乔，《纳税钱》（上、中）约1425年，佛罗伦萨加尔默罗会圣母教堂布兰卡奇礼拜堂左墙

图2 理查德·塞拉,《倾斜之弧》，1981年，纽约联邦广场

现代艺术的到来，使视觉艺术的观看环境和方式相对于其最初产生时在不断的变更。大卫·霍克尼的著作《隐秘的知识》中提供了一种以细节的、分析性的视角观看绘画的方式。书中指出卡拉瓦乔使用透镜技术完成其画作，如在《以马忤斯的晚餐中》圣彼得伸向画面的左手几乎和伸向画中耶稣的右手一样大，像是由于重新对焦改变了镜片和画布位置的结果。维米尔作品中一些物体被处理的绘画效果很像由于对焦不准形成的效果。这是一种研究式的观看，与环境的关联并不密切。很难想象当时的人会用书中的方式去观看、理解维米尔、卡拉瓦乔等人的作品。存留几百年乃至上千年的艺术品自然会随着时代的变迁不断地被更新观看环境。现代观看古代艺术品的环境与其在当时所处的环境是截然不同、毫无关联的。就算是同一空间环境，但在不同社会语境中观看时，也会感知到作品的各种不同的部分，当作品没有提供足够的叙述性内容时，无法维系视觉体验与对象的紧密联系。雅典卫城是伯利克里在长期的伯罗奔尼撒战争中为了防御斯巴达人所建，并不是为了艺术的观看所建。而他的继任者尼基亚斯为了继续推行防御性的战争主张，更是花大价钱造了多尊神像以劝服当时的雅典人民不要出战。当现代人用美的眼光在博物馆里去观看阿波罗神像，甚至用残缺美去欣赏断臂维纳斯时，并不会去想在当时雅典人民因为发现神像被破坏了一个小局部，而要把他们在外征战斯巴达人的雅典将领亚西比德召回并处死。雅典卫城在当时的雅典农民看来是否更是一个隔离了他们与自己的农田和生活的不可逾越的障碍？现代主义艺术家可以把隔离本身作为作品，理查德·塞拉用一块长约36米、近4米高的弧形钢板切开了纽约联邦广场的中间，这是他受邀专门为其创作的雕塑《倾斜之弧》(图2)。所有从广场周边办公楼里出来的人们都会不可避免地看到它，它的无法忽视性恰恰挑战了周围上班的政府官员的权威心理，也许是由于这个原因，作品于1989年被迫拆除了。《倾斜之弧》展示了一个强迫式的观看环境，它是刺激的、不平和的，它也是只为了在特定环境被观看的，正因如此，艺术家拒绝了拆除前所提出的迁移方案，作品的角度和尺寸都是为了这个特定环境存在的，如果不在这里便失去了观看的意义。理查德·塞拉在其早期影像作品《手抓铅》(图3)中展示了用手抓住或错过铅片的过程。影像里将手作为"主角"从而造

绘制《萨垂那太子舍身饲虎》图的石窟和马萨乔绘制湿壁画《纳税钱》的教堂都是宗教教化的场所，观看环境处于一个相对封闭的空间。这样相对封闭的观看空间除了在宗教环境中出现，在世俗生活中也同样存在。艺术家会根据雇主的需要，为其他封闭的空间进行绘画创作。15~16世纪的意大利，人们会在王宫里一个半公共半私人的被称作"夫妻房"的空间，看画放松休息。画家曼坦尼亚就于15世纪在曼图亚公爵宫廷的"夫妻房"里绘制了壁画，而其中一幅《宫廷场景》中的公爵身着休闲长袍且穿着拖鞋，画面中的这一内容恰好与作品所处的观看环境相呼应。另一位画家提埃波罗，则在维尔茨堡官邸阶梯厅绘制了拱顶画，画作所处的空间位置与画面内容构成了一种特别的观看方式。这件作品没有一个中心的叙事内容，也无法作为一个整体被观者一览无遗。观看这幅巨型作品时，人们必须不停地移动，无法静止。这种移动的观看方式与中国古代卷轴画极为相近。以元代画家张渥所绘的《竹西草堂图卷》为例，古人看此画必定是打开卷轴从右到左一边展开一边卷起，先看到远山、江水，然后慢慢看到一名人雅士坐于草堂内，意味悠远。整个观看过程具有一种强烈的时间感，是一种不断发现的过程。在这些作品的呈现过程中，观看环境影响了观看方式，随着环境的改变所取得的不同的观看效果显而易见。

从达·芬奇的《最后的晚餐》到卡拉瓦乔的《召唤圣马太》再到大卫的《劫持萨宾妇女》，绘画所呈现的皆是舞台戏剧一般的景象，把"观看"牢牢地限制在"舞台前方"这一环境中。这种观看体验持续了几百年，直到现代主义出现。视觉性是格林伯格定义的美国现代主义的核心概念，正是抽象表现主义摒弃了这一舞台式的透视法则和物质形态，使艺术回到了观看本身。抽象表现主义艺术家罗斯科非常在意他作品的观看环境，他竭尽全力地控制展出环境，要求展厅的灯光昏暗，且不能用射灯，作品悬挂的位置要尽可能的低，以至于安排一间专门为其作品订制的房间。他相信，作品在适合的环境里才能给观看带来不断变化的神秘感。无疑，罗斯科为其作品所创造的观看环境确实达到了艺术家想要的结果。

成了主观感知和客观展示间的分离。塞拉运用的这一形式原则始于波洛克的绘画，整个影像的画面放弃了透视法和定焦，动态图像展示了过程本身，使观众可以在观看环境中重建这一过程。这都反映出了相同作品在不同空间环境及时间环境中被观看时，会获得不同的观看效果。

古代艺术品大多已脱离其原来的观看环境被放在美术馆、博物馆、画廊等专业空间进行展示，当代艺术也多处在这些观看环境之中。伊夫·克莱因创作于1958年的作品《空无》表现了一个一无所有的画廊空间，这个建筑装置在当时不变的环境中提供了一种全新的观看体验。同时也意味着视觉艺术在被观看的同时已经把环境纳入作品本身。黄永砯2015年在红砖美术馆的展览“蛇杖Ⅱ”中，在五个重新划分的区域去展出他的十个作品从而分解原来独立的作品。以第二区域展出的《羊祸》和《蛇杖》(图4)为例，《羊祸》创作于1996年，最初是针对当时英国爆发的“疯牛病”事件，为其在巴黎卡地亚当代艺术中心的个展创作。《蛇杖》在多个国家的不同美术馆，不同年份分别展出过不同尺寸的铝蛇作品。在本次展览中，两个作品共同构成了一个相互关联、穿透的空间，并且将这一展厅两侧的墙体砸出与人等高的洞加装钢窗，提供作品的另一欣赏视角(图5)。两个作品设计了全新的观看环境同时，它们的意义与之前任何一次展出的意义都不相同，是艺术家重新赋予的关于当下本土和全球领土纷争的讽喻和反思。由此可见，环境的改变也改变了同一物象的观看内容，同时也产生了不同的含义。当代艺术中的一些作品也不乏对观看本身提出挑战，观看顺序、观看距离等都变成了作品的一部分。

随着科技和互联网技术的快速发展，视觉艺术的观看和环境有着数不清的变化。近几年展出的“不朽的凡·高”感应艺术展，《清明上河图》动态展或者是国家博物馆展出的《乾隆南巡图》的动态展都提供了一种经典作品的现代观看环境。无论是艾未未近期在互联网上发布的希腊莱斯博斯岛难民营的日常生活，还是在各个美术馆画廊展出只为其作品打造的观看环境的当代艺术，都是至少在20世纪初年无法想象的观看环境。现在这个时代的视觉艺术该有其特有的观看方式和观看环境，活在当下则可进入其中切身感知。筑·美

艾妮莎　内蒙古工业大学建筑学院，副教授

参考文献

[1](美)简·罗伯森等. 当代艺术的主题——1980年以后的视觉艺术[M]. 匡骁译. 南京：江苏美术出版社，2015.

[2](英)大卫·霍克尼. 隐秘的知识——重新发现西方绘画大师的失传技艺[M]. 万木春等译.杭州：浙江人民美术出版社，2013.

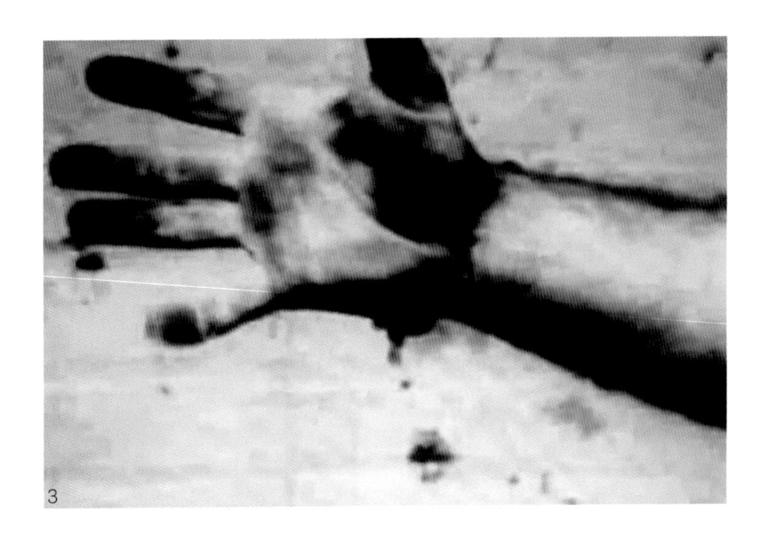

图3 理查德·塞拉，《手抓铅》，影像，1968年

图4 黄永砯，第二区域展出的《羊祸》和《蛇杖》，2015年，红砖美术馆

图5 黄永砯，《羊祸》和《蛇杖》展厅外墙，2015年，红砖美术馆

# 伦敦街头艺术的演变

文 / 高立萍

**摘　要：**从涂鸦起步的街头艺术从非法走向合法、从单纯的“书写”到多种艺术形式、从非主流走向主流，经过几十年的演变，蓬勃发展，最终进入当代艺术的核心。它从初始的被抵制到被大众认可，并通过融合、发展，使其渗入大众的日常生活中，影响了城市环境，也成为城市的活力来源。这一过程在艺术文化之都伦敦体现得尤为明显。本文概述了从20世纪70年代到当代伦敦街头艺术演变发展的过程。通过一些典型的伦敦涂鸦艺术作品介绍和不同地区的作品分析对比，进一步加深对街头艺术演变的理解。

**关键词：**街头艺术　艺术形式　涂鸦艺术

“艺术是一种进化行为。艺术的形式和它在社会中的职责不断变化。艺术从来不是静态的，也不存在规则规则。”——Raymond Salvatore Harmon，BOMB：艺术恐怖主义宣言

## 一、街头艺术的起源与发展

### 1. 伦敦街头艺术的起源

20世纪70年代中期，英国的新闻报道上首次出现有关涂鸦的文章。伦敦的青少年Lee Thompson受到《星期日报》上报道的纽约涂鸦文化的启发 。出于无聊，他开始同他的朋友 Mr B, Cat 和 Columbo用喷漆在北伦敦喷上他们的匿名“Kix”、“Mr B”等。这种匿名式书写到此一游的方式算是伦敦涂鸦运动的开端。

早期的涂鸦者并不认为自己是画家，而称自己为“写手”。要理解这一点，需要了解当时的作品。可惜这些早期作品因其非法性早已不复存在，只能通过旧照片才能一窥端倪。《墙上的写作》( The writing on the wall ) 一书收录了这一时期的涂鸦作品。它们大多是写在墙上的一句话或一个口号。书中宣称其中包含的口号是反对大众和它的主人的“个人抗议”。[1]作家乔恩萨维奇在他的《朋克史，英国的梦》一书中说：“1975年，涂鸦是感知时代情绪的简便方式，”“涂鸦就像一个隐藏的密码，失败者的声音。”“它是另一种类型的语言，是涂鸦者告诉你无法从主流媒体中读到并不一定会想到的内容。”[2]涂鸦诞生的时期正是艺术界充满反叛和变革的时代。“写”在墙上的作品正是生活在城市里对主流思想有异见的人表达自我观点的一种宣泄方式。

### 2. 从涂鸦到街头艺术的蜕变

20世纪80年代，伦敦的涂鸦主要集中在影响力广泛的地铁涂鸦和政治性涂鸦中。20世纪80年代中期，伦敦地铁系统内多处被涂鸦者写上反消费、反战、无政府主义、两性平等之类的标语。因为涂鸦的场所和地点大多是非涂鸦者所有的私人产业。加之犯罪心理学中的“破窗效应”，[3]支持者认为大量脏乱差地区的涂鸦容易滋生更多的涂鸦和犯罪现象。英国在2003年出台“反社会行为法”来对抗涂鸦。次年，“清洁不列颠运动”展开，英国政府制定了一系列法律法规约束涂鸦行为。这些反涂鸦运动甚至一直持续至今。[4]

非法的涂鸦作品在一些地方依然存在。例如涂鸦作品（图1），是在滑铁卢铁路桥

1

2

上，涂鸦作品的前面放置尖锐的防护栏，也未能挡住涂鸦者的“勇敢”地跨栏创作。右侧的作品（图2）画在一个活动板房上，这种用快速简洁方式作画，并处于隐蔽地区的涂鸦一般都是非法的。

在我看来，从涂鸦到街头艺术的蜕变是通过两个方面来实现的。一是媒体把涂鸦艺术归类到嘻哈文化中。嘻哈元素分为五大类：街舞（霹雳舞）、说唱饶舌、DJ（打碟或控麦）、节奏口技和涂鸦。随着嘻哈文化在群众基础下被广泛地推广，其也成为主流艺术中一个重要的分支。20世纪90年代起，英国的Banksy 、King Robbo等艺术家掀起了一场涂鸦文化运动，这一运动广为人知，推动了涂鸦走向主流世界。

班克西是英国最具盛名的涂鸦艺术家，被称为“涂鸦教父”。他之前的作品大多也被政府机构清理了。下面的这幅作品（图3）因为画在几层楼高的地方而得以幸免。另一个角度的照片（图4）显示了这一涂鸦作品所处的环境——伦敦市中心最昂贵的商业地区旁边的小巷子里。我想他在选址时是富有深意的。这个作品描绘了一个女子推着堆满商品的购物车从空中落下。这一作品是他在2011年黑色星期五（和国内剁手节类似）的打折季推出的，其中的寓意不言而喻。

图5的这幅作品是班克西的《放飞红心气球的女孩》。这是他标志性的作品，可惜原作已经被清理了。不过我在这幅作品的原址附近发现了一个“升级版”的作品。图6是另一位涂鸦画家Evl 18的作品，这应该是在向原作者表示致敬，利用高科技设备放飞红心气球，也算是与时俱进的创作方式。

**3. 涂鸦革命之后的伦敦街头艺术**

2008年伦敦泰特现代美术馆举办了《街头艺术展》，这一展览奠定了涂鸦和街头艺术从非主流走向主流的地位。自此之后，街头艺术家可以合法地在委托者指定的场所进行创作。街头艺术家的作品也从最初的涂鸦者面向彼此转向面对大众。大量街头艺术家来自于艺术工作室，用更直接的方式把作品呈现给公众和非艺术界人士。这种革命性的转变诞生了现代的街头艺术。也正因如此，街头艺术的很多作品继承了早期涂鸦中的种种风格，又加入专业艺术的内容，丰富和发展了涂鸦艺术，使整个城市成为一个庞大的画廊。艺术作品不再是仅仅被挂在艺术画廊或者展览馆里，而是走入平常人的周围，进入每个市民日常的生活中。

英国是一个阶层分明的社会，不同阶层工作和生活的环境也不同。以前的涂鸦作品都是在犯罪率高、脏乱差的地区。这也就是在西方我们很难在商业街或者高档场所看到涂鸦作品的原因。

不过从这两幅作品所处的位置，可以看出涂鸦艺术已经转化为街头艺术，被大众所接受。图7是伦敦艺术家Nathan Bowen的作品。这幅作品是建筑工地的围墙装饰。所处的位置是伦敦的中心地带，左侧是市中心的圣马丁大教堂，面对国家肖像美术馆，离国家美术馆和特拉法加广场只有几步之遥。另一幅作品（图8）位于金融城里的利物浦街附近，是商业大厦前的景观广场。这两个地区都是伦敦的高尚区。涂鸦成为环境艺术的一部分，成为街道上的画廊，也是走入主流文化的标志。

3

4

5

6

## 二、典型的涂鸦艺术作品介绍

按地点来分：伦敦东区街头艺术、滑板地、隧道成为已经合法化的涂鸦空间。这些空间的兴起，让非法涂鸦变得更为势弱。因循守旧者也难以得到大众的认可，会逐渐退出历史舞台。

1. 伦敦东区街头艺术

伦敦东区大街小巷遍布各种街头艺术和涂鸦作品，这一地区是最符合破窗效应的地区：破旧不堪，鱼龙混杂，犯罪率高,是传统的涂鸦“重灾区”。自从街头艺术家进驻之后，各种艺术工作室搬入这个区域，常年在这里举行国际涂鸦艺术节。这个地方逐渐变成了伦敦的涂鸦艺术天堂，成为一块时髦人士的“风水宝地”。伦敦东区因为多样化的人口结构和文化背景，也由劣势转为优势，拥有了最具多样化的街头艺术作品。也同时印证了“艺术”这种人为的方式可以改变周围的环境，并突破“破窗效应”产生的不良后果。

图9是城市里的高楼大厦作为背景的涂鸦，让灰暗的城市有着更鲜明的色彩。

图10是比利时艺术家Roa的作品。他的作品非常有辨识度，而且总能在周围嘈杂的环境中脱颖而出。街头墙上的动物和鸟类的黑白肖像作品通常非常巨大，细节表现错综复杂。

图11是南非艺术家SENZART911的作品。这位艺术家的工作不限于涂鸦绘画，兼具艺术家、设计师、雕塑家和诗人的多重身份。他的作品被定义为非洲的现代艺术。万花筒般的色彩，毕加索、波洛克等立体派的表达方式以及非洲面具程式化的五官带来的灵感相互交融，形成了独特而有辨识度的风格特征。

图12是伦敦艺术家Mr Cenz的作品。他的作品的特征是运用有层次感的线条、流动感的字体、独特而轻松的抽象方式。他的风格带有放克音乐的律动感，融合了照片写实、插图和涂鸦字体的技巧。被称为“超现实主义的灵魂涂鸦者”。[5]这幅作品中的女性时尚、坚强、富有时代女性精神，和超现实主义的风格结合后有种无法言喻的神秘感。

12

13

图13是意大利艺术家URBANSOLID的作品。艺术手法为锁定雕塑（“Lock-on”street sculpture）。创新性地运用浮雕，把生产好的模具物体安装在街头，让民众能亲身观察并接触艺术品，从而让大众认识艺术家，并能思考作品所表达的意图。艺术家用面部、身体等模具将第三维度带入街头艺术，拓展了二维图像和标签的表现手法。被禁锢在墙里的女性规矩地站立着，默默无语，这种状况表达了作者对这个矛盾偏执社会的一种挑衅态度。艺术家创作的目的一是激发观察者的反应，同时也包含了表达政治意识形态的立场。

2. 滑板训练场的涂鸦作品

在繁华的泰晤士河边，有这样一座野蛮主义建筑，它的左边是伦敦南岸艺术中心（图15），右侧是国家大剧院（图14），再远一点是伦敦眼。这座建筑的下沉式广场有个滑板训练场（图16）。训练场斜对面的桥下有一个露天旧书摊。旧书摊的书箱上也画满了涂鸦（图17）。很有意思的是，在高雅艺术包围着的环境下，这个地下涂鸦空间一点都没有不安全、喧闹或者杂乱的感觉。而是产生了一种青春的活力，充满了生机。涂鸦在有天顶采光的建筑里的光与影（图18、图19），让这一空间层次更加丰富。图20图中文字：爱是我仅有的，说得最流利的语言；图21图中文字：请原谅我的沮丧，它有自主意识。

14

15

16

17

18

19

20

21

3. 涂鸦隧道

滑铁卢地铁站附近的一个废弃的地下隧道成为涂鸦者的圣地。这是法定允许涂鸦的场所，新作覆盖旧作的概率很高。因为街头艺术本身就有时效性，这种新旧循环倒是给予艺术家更多展示新作的机会。

涂鸦隧道里除了艺术家，还有慕名而来的游人（图22），隧道里还有一个餐厅和一个活动场。图23中艺术家现场作画，在他们休息的时候，也可以和他们攀谈一下，这种交流方式也是涂鸦艺术的魅力所在。

风趣是很多涂鸦作品中的最重要的元素（图24），图25中一双大眼睛从隧道的上方向你看来，不由得吸引住你的眼神。

图26中的Lego被当作主人公，涂鸦作者的画充满了童趣。图27中满是涂鸦的房顶上吊灯的设计也很别致。

22

## 三、结语

伦敦街头艺术从20世纪70年到走到现在，历经文字涂鸦期、涂鸦与反涂鸦运动、街头艺术期，至今仍在持续发展变化。涂鸦艺术起源于大众，又到回归大众，可以用一句话来总结：

“Few people go to art exhibitions nowadays, the art comes to them!” — Chris Geiger

“现在很少有人去看艺术展览，艺术来到他们身边。”

——克里斯 盖格 筑·美

高立萍　旅英海外艺术家、设计师

参考文献

[1]《The Writing On The Wall》, Created by Roger Perry. published by Plain Crisp Books. The original book of London graffiti. Out of print since 1976, now reissued and expanded, with new text and unseen photographs.

[2] From The guardian 2015/02/03《Spraying the 70s: the pioneers of British graffiti》https://www.theguardian.com/artanddesign/2015/feb/03/the-writing-on-the-wall-1970s-pioneers-of-british-graffiti

[3] 破窗效应（Broken windows theory）是犯罪学理论，由詹姆士·威尔逊及乔治·凯林（George L. Kelling）提出，刊载于《The Atlantic Monthly》1982年3月版的一篇题为《Broken Windows》的文章上，论及环境中的不良现象如果被放任存在，就会诱使人们仿效，甚至变本加厉。以一幢有少许破窗的建筑为例，如果那些窗没修理好，可能将会有破坏者破坏更多的窗户。最终，他们甚至会闯入建筑内，如果发现无人居住，也许就在那里占领、定居或者纵火。又或想象一条人行道有些许纸屑，如果无人清理，不久后就会有更多垃圾，最终人们会视为理所当然地将垃圾顺手丢弃在地上。因此，破窗理论强调着力打击轻微罪行有助减少更严重罪案，应该以零容忍的态度面对罪案。（摘自维基百科）

[4] https://zh.wikipedia.org/wiki/涂鸦.

[5] 摘自Mr Cenz 的网站自我介绍。https://www.mrcenz.com/

作品欣赏
Art Appreciation
Art
of
Architecture

《插画系列》 李立

《翡冷翠记忆》 朱军

《骄阳》 王义明

《可居的山水》 徐桂香

《北纬29.25》 曾国华

《夜上海》 王冠英

《擎天引渡》 周恒

《场院》 王辉

《松阳民居》 夏克梁

《建筑速写》 汪伟亮

《成都东部城区滨水景观手绘》 李帅

《村庄银装》 段渊古

《暖冬》 董智

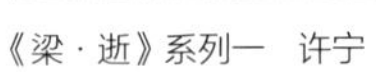

《梁·逝》系列一　许宁

《圣·索菲亚的白鸽系列——墙》 李佳

《尼泊尔老人》 杜鹏

《如何向死去的解释所发生的》 陈曦

《查理桥上的傍晚》 冯信群

《川西坝子》洪毅

《暖冬》 赵军

《光影》高文漪

《年画猪》 汤恒亮

《旋转》 于幸泽

《空 · 灵 · 冥》 韩振坤

《弦》 吕海景

《暮井未竭》 翟星莹

《上海松江生态森林公园》 赵慧宁

《水彩》 贺禧

《岁月》 孙亚峰

《五当召显宗殿》 艾妮莎

《北方高原》 靳超

《捷克清晨的沃尔塔瓦河》 高冬

《休渔期》 周鲁潍

《手绘别墅》 陶宁

《上海夜色》 彭小青

《南浔的寻》 王青春

《老街》 张丽娜

《阵阵青稞香》 李卫东

《沱川村口》 温庆武

《威尼斯》 王立君

《婺源写生》 周建华

《无尽之间的响应》 薛星慧

《韵律》 宋蓓蓓、潘晓燕、汪莉

《古桥》 杨古月

《蓝色乐章》 傅凯

# 艺术交流

## Art Communication

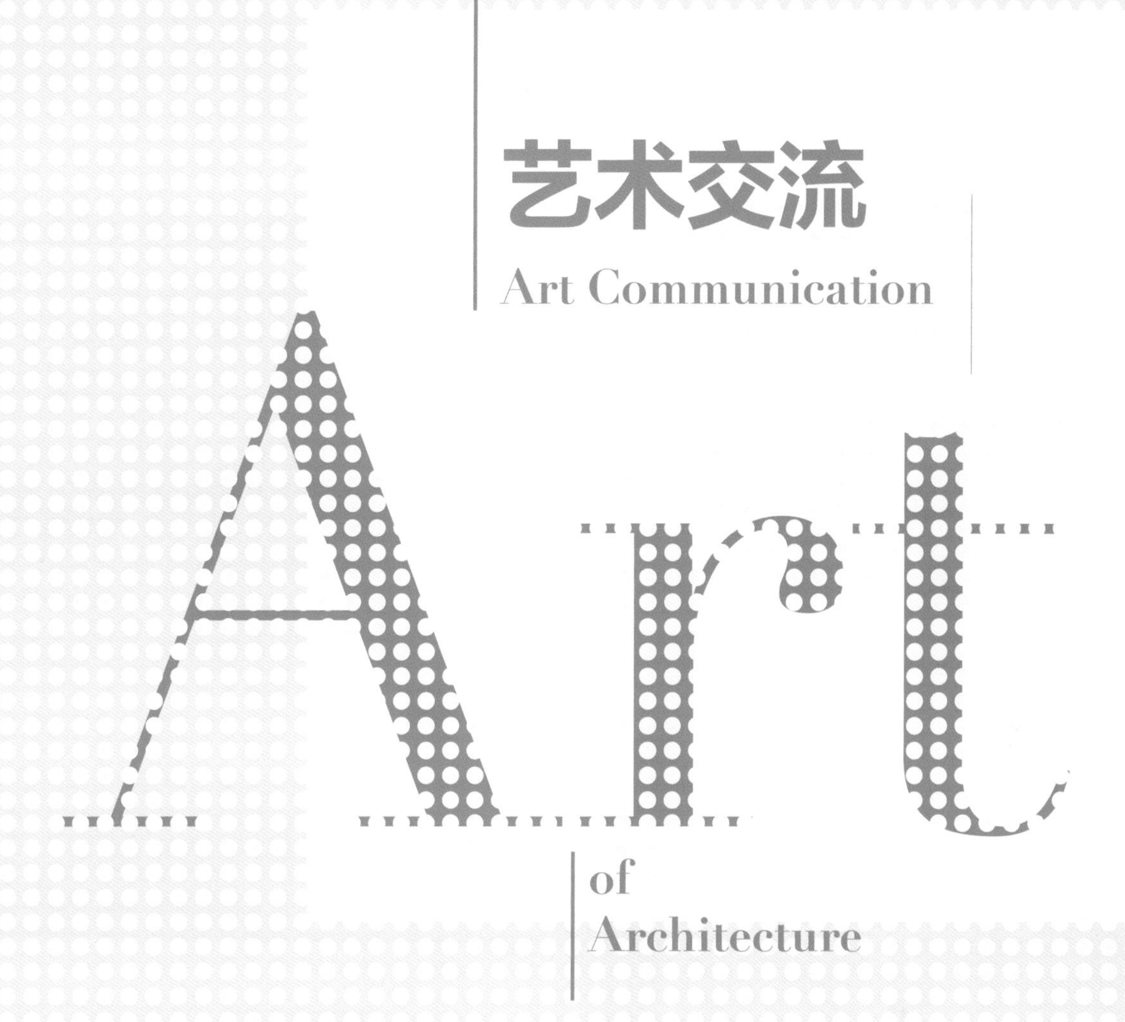


of
Architecture

# 水彩画创作谈
## ——认清自我　顺其自然

文 / 周宏智

1

2

图1 有白色陶罐的静物，水彩，46cm×34cm
图2 街景，水彩，48cm×33cm

## 一、水彩缘

我在美术学院上学的时候没有接触过水彩，20世纪80年代来到建筑学院教书，教研室的老先生们要求年轻教师必须学习画水彩，理由是水彩画是建筑学专业的教学传统。其实我当时对水彩画并无兴趣，鉴于前辈们的要求和工作需要就硬着头皮开始练习水彩画。当时真是下了不少功夫，课上跟学生一起画，课下一个人继续练习，从不怠慢，也算是日久生情吧，画得多了自然会产生兴趣并取得了一些进步，于是就变被动为主动一直画下去了。

建筑学院的美术课教学有一个传统，就是教师要当堂给学生示范绘画过程。这种教学模式对于教师来说既是压力也是动力，不想在学生面前出丑就得提高自己的绘画水平，而提高水平的唯一捷径就是多画多练。

我这个人没有什么艺术野心，把该做的事情做好就很欣慰。关于教学我也常对学生们说：我教不了你们艺术，也就教给你们点儿技术。

现在回想起来，之所以与水彩画结下不解之缘，直接原因就是工作需要。既然是必须做的事情那就争取把它做好，自然而然，顺从其美。

## 二、生活与创作

较早年间，我曾困扰于“画什么”、“怎么画”等问题，后来反思一下才发现这样的困扰完全是“想得太多了”，不若顺其自然依从自己的生活内容和兴趣，爱画什么画什么，爱怎么画就怎么画。这就是快乐，就是理想的达成。

每个人都有自己喜欢或习惯的生活环境和方式。我喜欢旅行，喜欢漫无目的地到处走走看看。当教师的好处就是每年都有寒、暑两个假期，于是我就利用这个时间去世界各地旅行。东非大草原的野生动物，塞纳河畔的法兰西风情，戈兰高地的坦克、战壕，墨西哥境内的玛雅文明，恒河夜晚的大型祭祀，维也纳剧院里《费加罗的婚礼》，尼泊尔的雪山日出，坎昆夜晚的欢歌笑语……旅行中所经历的一切都是那么的新鲜、生动，令人兴奋不已。我要把这些所经所见画出来，也不枉一次次旅行的美妙记忆和感受。当然这完全是一种个人的创作乐趣和体验。有很多艺术家只画自己熟悉的环境和街道，比如郁特里罗（Mauric Utrillo）。也有艺术家几乎足不出户照样画出传世精品，比如博纳尔（Pierre Bonnard）。一切均取决于自己的兴趣和选择。

每次旅行我必随身携带一台照相机，随时拍摄下感兴趣的人物和场景。我觉得这样做大大提高了搜集素材的广度和效率。旅行归来回到画室后对素材进行精心的整理和筛选，然后根据现场记忆把它们创作成水彩作品。数年来，我一直这样做，并且乐此不疲。说到这里，不得不谈一谈我个人对于参考照片进行绘画创作的观点。首先，我是非常肯定这种做法的，实践中也是这样做的。既然科学技术为我们提供了如此便捷高效的器械为什么不用呢？不要顾及什么“不能参考照片画画儿”,“不要画的像照片”等论调。千万不要听别人说什么，应该按照自己的意志和兴趣决定自己做什么、怎么做。参考照片进行绘画创作有道理，拒绝这样做也有道理，不要随意肯定或否定任何一种做法。

自法国印象派之后，画画儿的人普遍喜欢和认同写生，我觉得写生是一种学习和创作的好方法，对于初学者来说更是必不可少的。但写生绝不是唯一的创作方式。以我所见，现在有些人把写生形式搞得太夸张了，来不来弄个四、五平方米的大画布戳在野外写生，至于吗？还搞出各种写生集体活动，硬是把一个很个人的、很艰辛的创作形式变成了一种娱乐、一种Party。当然，作为一种促进身心健康的写生Party也不错，只是这活动跟绘画没多大关系。

总之，画画儿之于生活应该是一个很自然、很惬意的事情，不要与生活较劲，不要跟自己较劲，不要跟艺术较劲。做好自我，顺其自然。

## 三、作品风格与个性

一般来说，艺术家的人格特性决定其作品风格，因此不应该刻意追求所谓的“风格”。任何有意为之的风格都难免虚伪造作。凡·高画“星夜”，线条炫动、笔触痉挛。我想，那是因为他的精神世界和眼中世界就是动荡不安的，这种线条是发自心灵的。毕加索画“亚威农少女”，构图割裂、形象破碎，因为他就是一个精神流浪汉，走到哪儿是哪儿。巴斯奎特“涂鸦”，因为他自幼就

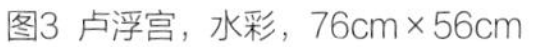

图3 卢浮宫，水彩，76cm×56cm
图4 哥本哈根，水彩，56cm×38cm
图5 西班牙塞维利亚大教堂，水彩，75cm×45cm
图6 伯利恒的警察，水彩，76cm×40cm

7

8

9

图7 游客，水彩，55cm×75cm
图8 雪中太和殿，水彩，75cm×55cm
图9 古镇初春，水彩，75cm×55cm

浪迹街头。这些艺术家的作品风格反映着他们的人格特性，是独有的、不可效仿的。

我的生活和内心都是平凡的，因此我的作品也是平凡的。我只想通过作品真实地表达一个平凡的内心世界。我不喜欢无病呻吟的艺术，不喜欢刻意制造风格。以我所见，从20世纪80年代以来的中国当代艺术基本上是模仿甚至抄袭西方现代艺术的成果。之所以形成这样的局面，主要是充斥在艺术圈乃至整个社会的浮躁心理所致。艺术家与其盲目追求所谓“创造”，不如强调真诚。

现代人倾向于崇尚个性与自由意志。尤其在文化艺术方面，如果一个艺术家在创作中不能充分表达“个性”似乎就降低了作品的思想价值，就不是艺术。个性诚然是一种个体生命活力的体现，但在现代语境中似乎被主观化、绝对化了。个性固然可贵，但是共性才是人类集体意志的基本价值倾向。另外，个性不是任性。如果你的心灵、情感、世界观等并没有什么轶群绝类的地方却偏要绞尽脑汁标新立异，那就是任性、做作、虚伪，而且这种虚伪会清晰地暴露在你的作品中。

我的创作态度就是顺乎自然，以真诚相待自己，以真诚相待艺术。筑·美

周宏智 清华大学建筑学院，教授

# 狞厉之美，原始自然的回归

文 / 华海镜　吴会　郑青青

**摘　要：** 原始人类在漫长的社会发展中，已进化为成熟知性的现代“文明”人，崇尚文雅、清新，美学取向亦渐趋于柔美。本文通过分析先秦青铜器与中国画家潘天寿、非洲木雕与西方画家毕加索的特征和审美，以同时代东西方大师为例，展示超越个人情感及时代脉搏的审美取向——狞厉之美，阐明历史发展的必然。

**关键词：** 狞厉之美　先秦青铜器　潘天寿　非洲木雕　毕加索　审美取向

由自然走向社会中的人兼具自然属性与社会属性，自然属性即人的本性，表现为原始人群的野性、弱肉强食；社会属性是被教化后所形成的符合社会潮流的三观、审美，表现为对社会和谐发展的美好祝愿。先秦时代的青铜器、古老的非洲木雕，产生在较为原始的社会，当时人的自然属性还远大于社会属性，艺术便试图展现原始自然的本性——野性、诡异。“本性难移”也说明人固有的自然本性特质难以改变，已被漫长的社会发展教化后的潘天寿、毕加索，仍勇于显露真实的人性，以反社会主流审美的狞厉之感将兽性、原始力量体现得淋漓尽致。此为人类狞厉之美学！

## 一、先秦青铜器与中国画家潘天寿

中国青铜器出现于4000多年前，并在商晚期至西周早期达到了发展的鼎盛。该阶段青铜器样式多变，浑厚凝重，布满饕餮纹、夔纹或人形与兽面结合的纹饰（图1）。饕餮纹（又称兽面纹）无疑是商周青铜器中地位最显赫、含义最神秘、结构最成熟的纹饰[1]。昂首怒目、张牙舞爪、坚角竖耳，在其他纹饰的衬托下，饕餮纹更加表现出威严、狞厉的气势[2]（图2、图3）。饕餮是古代传说中面目狰狞的食人野兽，也是神秘感与威慑力并存的超自然动物，基于古代自然崇拜、图腾崇拜、祖先崇拜以及鬼神崇拜，以饕餮为原型转化成饕餮纹，虽饕餮形象不定导致饕餮纹各异，但这类纹饰符号都毫不掩饰地透露出狰狞凶怖之意。但青铜器的繁盛同人类社会的进步以及自然环境的变迁密切相关[3]，它能反映出商周时期的社会风尚及审美取向，反映民众的时代精神追求，因而，青铜器通常在让人感觉到诡异、捉摸不定的野性并使人产生恐惧、敬畏的同时，也使后人在时间沉淀后体

1

2

3

图1　商中期兽面纹青铜斝
（图片来源：引自www.redocn.com）
图2　青铜器饕餮纹
（图片来源：引自https://baike.so.com）
图3　商晚期青铜饕餮纹方尊
（图片来源：引自Artron.Net）

4

5

6

图4-图6 潘天寿秃鹫系列部分画作（图片来源：作者摄于潘天寿纪念馆）
图7 刚果埃通比面具
(图片来源：引自http://art.people.com.cn/n/2013/0416/c226026-21148972.html)
图8 非洲人像木雕
（图片来源：引自http://www.nipic.com/detail/huitu/20140802/152632622200.html）

会到其中蕴含的巨大的原始力量，看到青铜艺术本质的狞厉之美。

中国现代画家潘天寿早期爱画梅、兰、竹、菊类风雅景物，但战争给百姓带来的苦难让他时刻关注着国家、民族和百姓的命运，也从历史的高度意识到自己的艺术作品需与时代脉搏共振的必要性。从而，潘天寿一改绘画本身的朦胧特性，将时代使命感化作潜在意识融入创作中。1932年首作淋漓尽致地展现出了人类野性及美学本质——“丑中见美”的秃鹫题材作品，于20世纪40年代末走向艺术成熟期，至50年代后期进入高峰期。秃鹫是草原上体格高大的猛禽，头顶裸露，争食时气势汹汹。诸类外观丑恶的动物一般不会入画家的眼，但潘天寿的绘画偏爱以秃鹫为题材，展现秃鹫狰狞、强悍的特性。他笔下的秃鹫通常处于静态，立于坚硬巨石之上，目光炯炯、神态威猛，充满力量的神情让秃鹫由静转动，也让整幅作品灵气四射，洋溢着狞厉之美（图4~图6）。除秃鹫外，潘天寿所画危岩、山花，甚至是文人雅士向来钟爱的松、竹、梅，都充盈着霸悍之气，体现了他追求雄大、奇险、强悍的审美性格。潘天寿曾说：“思路不凡者，其画亦不凡。”画家自身的思想审美决定着画作体现出来的艺术高度。在中西方文化发生激烈碰撞的时代，在西方文化对中华民族文化的冲击大潮中，潘天寿始终站在民族的立场上，对中西两大文化体系进行理性的分析和思考[4]。正是因为潘天寿的部分绘画题材虽丑恶、凶悍，作品整体却传递出强大的自然力量，审美也时刻与时代脉搏相结合，才促就了一代大师的地位。

## 二、非洲木雕与西方画家毕加索

7

8

炎热荒芜的非洲大陆，充斥着洪涝、干旱、饥饿、贫穷和战乱，混杂着蒙昧、落后、邪恶、暴烈与野蛮。人们说起非洲，总是带着恐惧的情感。非洲木雕即来源于此。携带着非洲大陆所有野蛮狂暴的特质，通过笨拙、粗笨的几何形体以及夸张的表现手法，缔造了世界上独一无二的非洲木雕艺术。非洲木雕共分为4类：人物雕像、动物雕像、图腾和器具。不追求雕刻的神似，而在于以写意的手法传达生命的本真。如图7和图8，可见其对细节刻画的省略。而从整体看，却洋溢着鲜活的生命力。给人一种诡异的狞厉之感，又传递出原始生命的朴素自然。

毕加索对非洲艺术的热爱超越一切。他曾说：“世界上真正的艺术存在于非洲和中国。”1957年，偶然见到非洲木雕面具的毕加索便受到非洲木雕艺术的强烈震颤，他的绘画由此告别玫瑰红时期，进入了极具狞厉之感的“非洲时期”。《亚威农少女》(图9)是“非洲时期”的开山之作，是毕加索在非洲木雕形式语言的基础上实现了三维到二维、形体到形状再到空间、时空形式语言的转换与建构[5]，在当时带来了狂风骤雨般的影响。亚威农大街是当时欧洲十分出名的红灯区，此时毕加索在同女性的接触当中尝到了人类的幸福。由此得到灵感进行《亚威农少女》的创作。画作以粗粝的线条和几何形体构成，黑色的线条将主题人物从背景中分离出来，几何形体的塑造使其呈现非洲雕像般原始的生命力。原本画面中5名女性的脸都较贴近自然，由于当时有很多人因性病而死去。使毕加索对此产生了极度的恐慌，对女性的爱恋也急剧下跌。便将画作右边两位女性的脸改画成非洲人像面具狰狞可怖的造型，包括整体的脸型、眼睛以及脸部斜线雕刻阴影的刻画。画作整体人物肢体的布置如同非洲人像木雕一样粗壮、笨重，左边女人的腿像被利斧砍下，中间的腿似乎被生硬地接在身体上，结合右边女人黑洞般恐怖的眼神，画面呈现出神秘野兽般气息，令人望而生畏。

毕加索曾写信给友人：“非洲面具不只是雕刻。它们极具魔力，可以用来对抗未知的邪灵，同时也是一种武器，保护人类免于受到邪灵的支配。”标志着毕加索立体主义风格达到巅峰的作品是描绘二战时期的《格尔尼卡》(图10)。第二次世界大战时期，战争范围横跨亚欧大陆。先后共有60多个国家、20亿以上的人被卷入战争。战争中军民共伤亡9000余万人，是人类历史上规模最大的世界战争。

第二次世界大战的发生使人的野性得到了充分的展现：那些野蛮、残暴的原始杀戮；卷入战争的人完全丢弃了文明社会所倡导的文雅、善良等品质，而变成了一台杀戮机器。文明社会的约束在战争面前不值一提。由此可见，人类的本性即是野性，根深蒂固，释放无穷的破坏力量！《格尔尼卡》表达了毕加索对第二次世界大战法西斯暴行的愤怒和仇恨，借由画作，刻画了哭喊的母亲、死去的婴孩、紧握短剑的战士、恐惧嘶鸣的战马、双手举起呼唤希望的小孩以及象征残暴的公牛[6]。整个画面只有黑、白、灰3种颜色，却具有强烈的精神冲击力！《格尔尼卡》从侧面表现了战争的残酷、人类野性力量的巨大。描绘这种野性的爆发与非洲艺术所表现的狞厉之美如出一辙，反抗精神在此凸显得淋漓尽致！

## 三、结语

先秦的青铜器、古老的非洲木雕，展现出原始自然的笨拙、粗犷。东方大师潘天寿、西方大师毕加索，几乎在同一时期受到原始美学的感召——第二次世界大战让人类重新认识到了人类本性中的野性力量。经过再创造，两位东西方大师遥相呼应，展现出在美学上极具生命力的狞厉之美！时代更迭，审美在不断地变化，从一开始的朴素自然发展到素雅、清新等，你方唱罢我登场。唯有展现原始自然生命，带来强烈精神冲击力和创作力的狞厉之美学才是历史发展的必然！筑·美


参考文献

[1] 段勇. 商周青铜器幻想动物纹研究[M]. 上海：上海古籍出版社，2003.

[2] 李泽厚. 美的历程[M]. 北京：生活·读书·新知三联书店，2009.

[3] 余森林，唐旻圆，韩敏. 论青铜器狞厉纹饰的稚气之美[J]. 包装工程，2017，38(10): 214-217.

[4] 王宝强. 论潘天寿美术教育思想及其当代意义[D]. 重庆：西南大学，2006.

[5] 唐园园.《亚威农少女》——毕加索笔下的非洲木雕形式语言[D]浙江：浙江师范大学，2012.

[6] 王文灏.《格尔尼卡》的形式与意蕴[J].齐鲁艺苑，2004(1)：22-25.



华海镜　浙江农林大学艺术学院，教授

吴会　浙江农林大学风景园林与建筑学院，在读硕士研究生

郑青青　浙江农林大学风景园林与建筑学院，在读硕士研究生

9

10

图9 亚威农少女
(图片来源：引自http://www.xffcol.com/news/151156.html)

图10 格尔尼卡
(图片来源：引自https://touch.travel.qunar.com/comment/5723790)

# 建筑摄影的艺术魅力

文、图 / 邬春生

**摘　要：**建筑摄影的艺术魅力就在于可以从各种角度肆意地发挥你对空间、形体、线条、层次等建筑元素以及建筑艺术形式美的理解与感悟，用独特的视角去发掘建筑蕴藏的美，展示建筑外在气质和内在精髓。

**关键词：**建筑摄影　建筑艺术　审美元素　建筑形象　视觉艺术

建筑是人类科学文化的一种表现形式，它以特有的鲜活的形象语言记载着人类社会文明发展的进程史中，在科学技术领域和文化艺术领域所取得的辉煌成就，并以独特的方式留下了社会特质、生存方式、宗法礼教、地理特征、哲学、美学等丰富的人文信息的印迹。建筑的形制、构造样式、功能布局、空间形态、装饰题材等特征，形成了自身空间形式的丰富内容，由此建筑也成为一种以形式为主的造型艺术。

建筑形象的基本构成部分为空间和形体。空间是建筑的精髓，是区别于其他造型艺术的最大特点。这个非物质的要素是人们在自然环境中用物质包围起来的有限的人工环境，建筑的外部占据着自然界的空间，以其在空间中的体量给人以感受。形体是构成建筑外在形象的基本要素，它又可以抽象为形状、轮廓、凸凹、线条、面、点等。空间和形体是建筑艺术的载体和主角，两者将建筑构成的各个局部元素组织成有规律的形式，形成整体的建筑形象。

建筑摄影艺术是表现建筑形式美的视觉艺术，建筑形象所呈现出来的建筑艺术的审美元素是建筑摄影艺术所要表达和展现的。摄影用其特有的话语方式：透视比例、构图、用光，对建筑形象的构成要素中的形状、比例尺度、质感、色彩、细部、光影作用等进行筛选、提炼、概括，对人们的视觉感受进行调节或创造，这些元素即建筑摄影的主要视觉要素。通过它们来对被摄建筑的审美感受进行描绘和表达，以充分诠释建筑艺术的魅力，并再现建筑三维的空间感觉，使二维的平面画面保持视觉上的真实性。

自摄影诞生之时起，建筑就以其巨大的魅力吸引着一代又一代的摄影人。摄影特有的艺术感染力在于既写实又具有空间秩序感及光影效果，形态各异的建筑空间实体所呈现出来的审美元素正是建筑摄影艺术所要表达和展现的。人们从建筑中得到了许多有益的启迪和奇妙的灵感，它多姿多彩的造型元素和所蕴涵着的丰富的社会文化信息，成为经久不衰的摄影主题。（图1、图2）

建筑摄影之所以充满魅力，就在于它既具有建筑和摄影的双重特质，又必须从两者的视角来对拍摄主体进行观察和表现，在选题、视角、构图、用光、器材，乃至控制建筑透视失真等方面都有着不同于其他类别摄影的特性（图3、图4）。在所有平面艺术

1

2

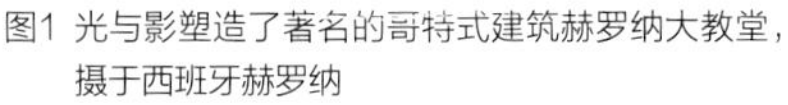

图1 光与影塑造了著名的哥特式建筑赫罗纳大教堂，摄于西班牙赫罗纳

图2 变幻莫测的光影效果来表现古城遗迹，摄于意大利罗马

中摄影与视觉的结合最为紧密，摄影有其独特的视觉影像语言。对建筑摄影而言，不仅要善于观察被摄体的自身特性，还特别需要对摄影视觉影像语言的各种元素如：点、线、形状、影调、色彩、质感、光线等的把握和熟练运用，通过它们来对被摄建筑的审美感受进行描绘和表达，展示建筑外在气质和内在精髓，发掘建筑蕴藏的美（图5、图6）。用摄影特有的话语方式：透视比例、构图、用光等，将建筑形象构成要素中的形状、比例尺度、质感、色彩、细部、光影作用等进行筛选、提炼、概括，从而对人的视觉感受进行调节或创造，以充分诠释对空间、形体、线条、层次等建筑元素以及建筑艺术形式美的理解与感悟，并再现建筑三维的空间感觉，使二维的平面画面保持视觉上的真实性（图7、图8）。

图3 超广角、仰视、捕捉圣家族大教堂的余晖，摄于西班牙巴塞罗那
图4 超广角仰视、三角形构图、人字形局部用光来表现古塔钟楼，摄于意大利卢卡
图5 点、线、形状、影调、色彩、质感、超广角来表现圣家族大教堂内景，摄于西班牙巴塞罗那
图6 影调、色彩、质感、光线来表现古老的运河美景，摄于荷兰代尔夫特

图7 将空间、形体、线条、层次光影作用等进行筛选、提炼、概括，摄于荷兰海牙

图8 将透视比例、构图、用光来表现古老的运河美景，摄于荷兰阿姆斯特丹

图9 用纪实的手法真实地记录、再现圣十字圣保罗医院，摄于西班牙巴塞罗那

建筑摄影的表现形式和表现手法完全取决于照片用途和创作意图，它既可以用纪实的手法真实地记录、再现建筑（图9），也可以在构图上从不同寻常的角度抽象地表现建筑。既可以使用专业的移轴相机来控制透视失真，追求一种几乎没有变形的透视效果（图10），也可以完全不顾被摄建筑原有的空间比例，利用超广角镜头或鱼眼镜头的透视变形来强调画面的戏剧性效果，追求视觉的冲击力。既可以通过构图、用光、视

觉透视等摄影技术手段，准确地再现建筑的三维空间的真实感受（图11），也可以充分展现建筑在各种光线作用下的视觉效果，在光影变化中捕捉建筑的神韵和精彩瞬间。既可以将建筑在现实空间上无法构建在一起的线条，通过光与影在影像上联系起来，使之源于现实，又高于现实，也可以通过暗房技术或数字化手段对建筑影像进行再加工、再创作，用一种随心所欲的方式来表现建筑（图12）。

“建筑摄影应比建筑本身更美（安藤忠雄）”，人们从建筑艺术的各种审美元素中去体验其美感，将建筑摄影的视觉要素作为拍摄素材，运用各种摄影技术手段来表现建筑的独特韵味、审美价值和文化象征。通过对建筑的观察、理解和感悟，用镜头表达出自己对建筑的独特感受，用摄影构图语言营造出建筑美学所不具备的美学特征。以摄影这种特有的语言来记录表达建筑艺术的符号，提升了建筑的意义，使得建筑美学得到升华，在建筑摄影作品中人们既可以感受到建筑艺术的魅力，又能从片砖块瓦保留着的历史记忆中，体味世事变迁的沧桑。

值得注意的是，建筑的真正意义不完全在于建筑物本身的形式，建筑文化是文化的重要组成部分。著名作家果戈理曾说过：“当歌曲和传说已经缄默的时候，建筑还在说话”，建筑、质和精髓，只有从文化的高度来审视建筑，才能真正理解建筑，才能真正把握建筑的内涵和价值。摄影者对建筑文化的这种心灵触动和灵魂共鸣，通过摄影的语言表现出来，交给观众来解读，正是优秀建筑摄影作品所体现出的真正价值和独特魅力。筑·美

邬春生　同济大学建筑与城市规划学院，副教授

10

11

12

图10 经过透视较正真实的古建筑效果，摄于意大利罗马

图11 利用超广角的透视变形框式构图来强调画面的戏剧性效果，追求视觉的冲击力，摄于意大利博洛尼亚

图12 光影变化中捕捉古运河、建筑的神韵和精彩瞬间，摄于荷兰阿姆斯特丹

# 复调摄影
## ——意识投射于空间的复合织体

文、图 / 邱晓宇

**摘　要：** 复调摄影是以多重曝光作为技术基础的一种艺术形式，它将创作者自身、拍摄对象和观赏者一起纳入影像创作的范畴，超脱于单一被摄对象的自然呈现，以更广的视角探索影像表现新空间，成为重新思考摄影文化意义的切入点。复调摄影作品的形成过程也是一个主观意志不断深度介入的过程，即二度感物的过程，具有“无空间之间隔”和“无时间之限制”的双重属性。创作者不仅要重构心物相合的情境，还需将自身的艺术精神编织成透明的影像容器，以便令观赏者注入意义，从而辉映出无限的想象纵深。在复调影像中，时空的自然属性在层叠的“透明性”影调中被重构，在打乱自然空间的同时，却拓展了影像心理空间和文化空间纵深，这种空间纵深可能以虚拟的情境相合，以色彩的形式唤起，以符号的指代联通，构建出游观式复调空间、氛围式复调空间、暗示式复调空间等多种画面空间形式，并且它们常常是以复合的形态呈现。多样性的复调空间，在思想上为观者开启了前所未有的观看现实世界的新空间，也为摄影艺术中影像空间的实践和理论研究提供了新的思路和样本。

**关键词：** 摄影　影像　多重曝光　复调摄影　空间　织体

图1《涣》(多重曝光，佳能5D3机内成像)《影绣长安》复调摄影专题

我们可以将影像的时空看作客观世界的片段在二维平面的简化。在一般的摄影作品中，观看者通过将二维影像再次投射到意识的时空中，还原出客观世界，完成对影像的破译。然而，在复调影像中，空间以自然和文化的双重属性构建，呈现出模糊性，观看者常常无法顺利地进行这种时空的还原，被引入画面营造的幻境，而这个幻境正是创作者精心构建的主观时空，也即作者的意识世界以客观世界片段为载体在平面的映射，这就要求观看者不能以常规的经验视角和视觉习惯欣赏作品，方能相对顺利地进入这特定的氛围空间，体会出影像承载的真意。

复调影像是以多重曝光作为技术基础的一种艺术形式，其空间是多个时空片段相叠合所形成的时空织体。由于多个时空片段的明度差异会使重叠的图像之间出现提亮、消减、同时显影等“影调互冲”的成像特征，在不同程度上将干扰各层原影像的完整再现。自然时空属性被削弱或隐藏，画面在视觉上形成透明且错综的复合式空间，这种影像的空间特性超出了观看者的经验性阅读和理解，使他们无法还原出取景时客观状态下的时空关系，因而影像仿佛具有了虚幻性和抽象性视觉特征，影像的时空关系也从客观性复制转化为艺术性构设。可以说，这种特性也正是笔者创作影像主观时空的技术与理论支撑。

“复调”一词来自于音乐术语，是关于曲调与时间“织体结构”的一个概念，音乐在时间的铺展中流动，多个旋律在时间与空间中编织，给我们听觉传递的信息兼具时间和空间的立体感和多维性。而复调摄影是以多重曝光在同一底片或感光元件上各层次影像间的相互作用生成复合影像，以传递创作者对拍摄对象显性特征和隐性含义的多重表达。在多次曝光中，多个影像共同作用，这些影像没有较为明显的主次之分，如一个个音符，在理性的对位设计中编织出虚拟性和矛盾性视觉空间，在互相交织中展开叙事。多重影像既保持一定的自身意义，又相互赋予对方新的含义，合力构成影像意义的新载体，阐释拍摄对象的隐喻内涵和作者的意识投射。当然，由于复调影像的透明性特征，空间纵深更多体现在文化和心理层面上，但这种创作理念和画面结构与复调音乐有内在的相似性，因此，笔者以“复调”来形容自己创作的这类摄影作品，突出其构建影像画面时感性构想与理性构设的创作特征与结构特色，揭示创作中运用拍摄对象显性特征编织其隐性含义的视觉形象和影像空间的文化属性。

## 一、游观式复调空间

“万趣融其神思”，这是南朝画家宗炳提出的作为绘画创作中处理心物关系的原则。而这里的“神思”是二度感物的主要方式，即让眼睛摄取的物象经过大脑的回忆和取舍进行重构，使其合乎于心，具有“无空间之间隔”和“无时间之限制”的双重属性，在中国绘画艺术的创作中具有指引作用。摄影是瞬间艺术，历来强调瞬间画面的猎取，而复调摄影的创作理念跳出时空的限制，将影像的创作置于“感物”的思维构架中，力求构设心物相合的情境。影像独特的艺术构思源自于对客体的审美感知，主体艺术精神的独特性和复杂性往往不能只凭一个自然时空片段的截取进行体现，复合式影像似乎更利于情感的深度介入。复调影像的空间构建是笔者对于自身视觉审美与精神愉悦的曲折呈现，在于一种心理情境的想象式营造，所谓“应会感神，神超理得”，就是强调在目应心会过程中的情感体验。“游观”式的视点是复调影像创作的一大特色，影像在采集合乎心境的客观素材过程中逐渐成形。在此过程中，创作时空的改变和心境的变化使二度感物的空间更为复杂，摄影的客观时空限制在这里已经不复存在，每次曝光摄取的影像素材在“影调互冲”的成像规律下或互相融合，或互相衬托，每层影像在不同的时空中共同编织出超脱现实的新情境，形成局部空间的现实性和整体影像空间的梦幻性。笔者称其为“游观式复调时空”，是对多重曝光技术特性的探索性运用和诸多影像元素创造性组织的结果，超出了人们对以往摄影作品的印象。而在此基础上构建出的影像新空间关系则是对“畅神”美学观的践行，也是与观者互动的平台空间。

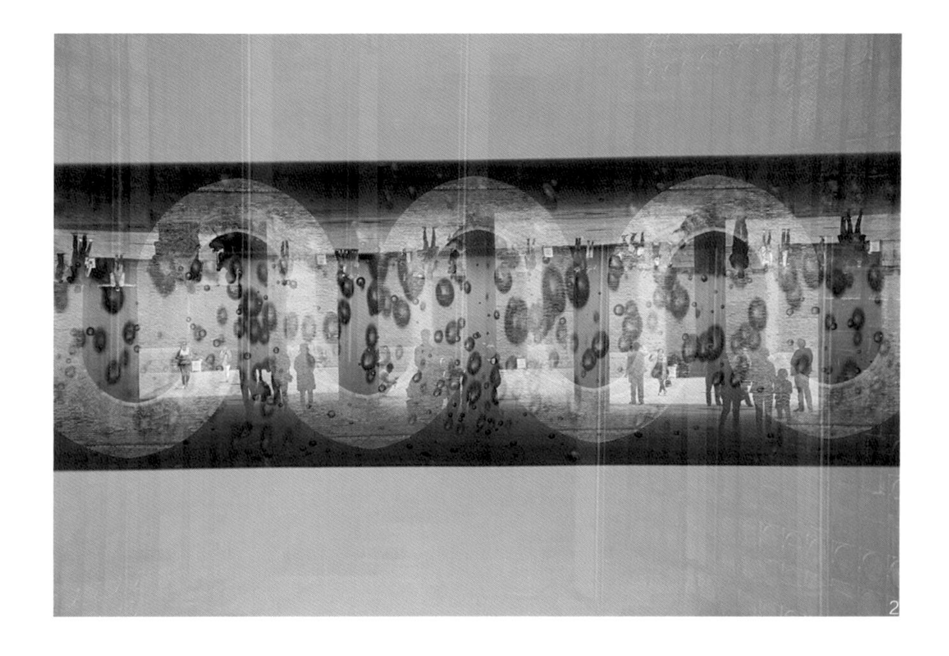

图2《界⑤》（多重曝光，佳能5D3机内成像）《影绣长安》复调摄影专题
图3《吞吐大荒》（多重曝光，佳能5D3机内成像）《影绣长安》复调摄影专题

图 4《沧桑陵谷》取景地之一
图 5《沧桑陵谷》(多重曝光，佳能5D3机内成像)《影绣长安》复调摄影专题
图 6《黄尘清水》(多重曝光，佳能5D3机内成像)《影绣长安》复调摄影专题

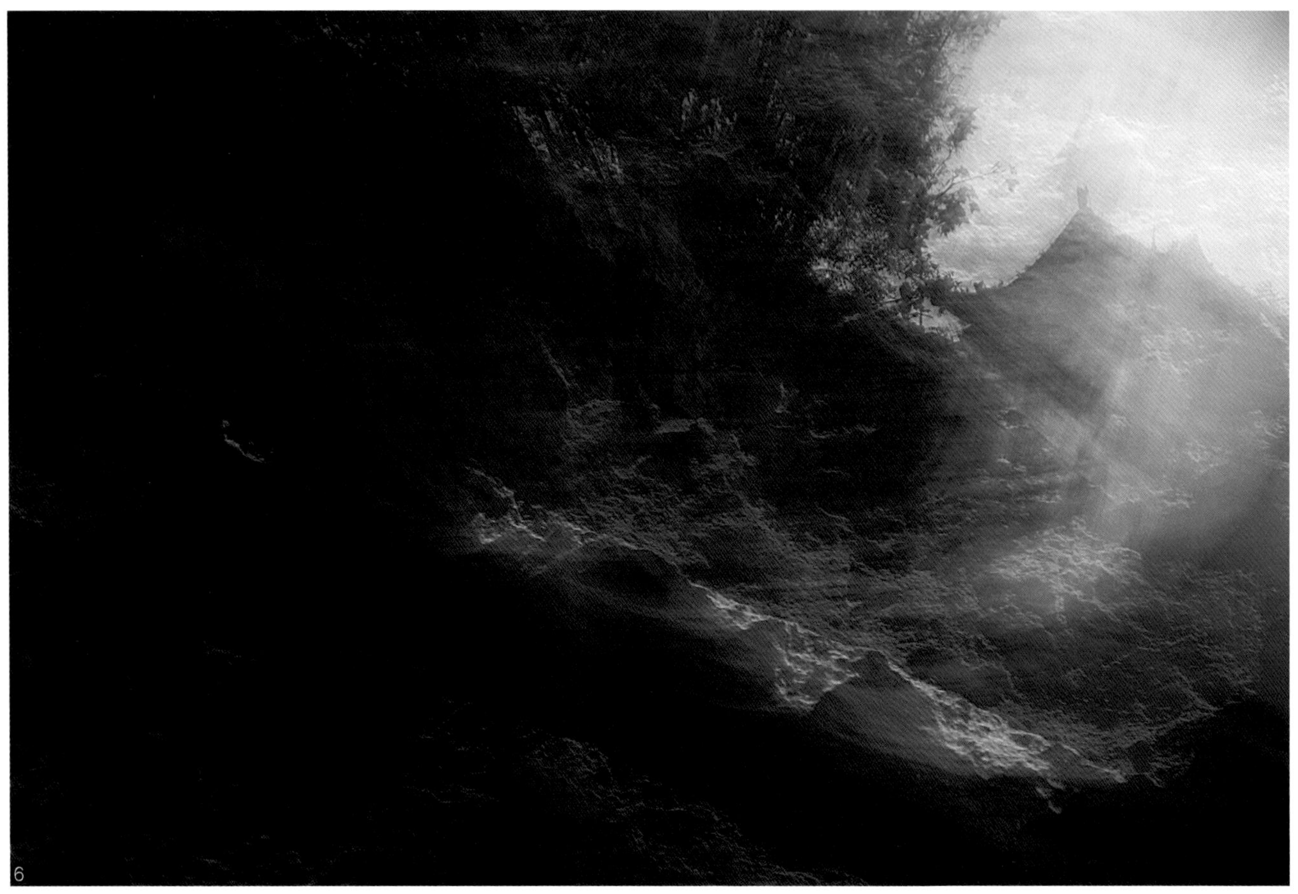

## 二、氛围式复调空间

我们对于客观世界的理解，不只是源于科技上的进步，还体现在艺术上的探求，心理视界感知因此得以扩大。所以，在时空意识影响着表现形式的同时，其艺术的本质也由外及内，深入探测着人对事物发展变化规律的认识。复调摄影以自我的时空意识塑造恒与变的理趣与奇幻，超现实的混合空间结构和平面化的视觉空间正是创作由拍摄对象的表象向其内在探测的结果，是对个人与现实之间客观存在的一些潜藏于意识深处，无形的遮挡所引起的对外部世界反应的经验诉求，是以自我的心理记忆对客体时空感知的情感式描述。而这种经验诉求常常来源于对文本的解读和回忆，外化为强化影像氛围空间的营造，对现实空间关系的摈除或弱化，借以构建出“感物”的特殊心理空间，即“氛围式复调空间”。这种空间意识可以以想象的方式既超越对事物的感知，也超越被感知的事物。时空在这里可能以色彩的形式唤起，或以符号的形式联通，为观者的观看路径和揭示影像的意义提供了多种可能。影像由创作者对物象的二度感物，过渡为观赏者对于影像的二度感物。

## 三、暗示式复调空间

画面的结构与空间会对观者产生视觉的牵引，从照片的经验属性来说，趋于平面性的视觉空间因与现实相背离，带有创作者更强的主观意志，因而更具文化性和暗示性。以观者的视角来看，在视线扫描复调影像的过程中，众多影像元素既各自独立又相互融合，影像元素在互动中形成新的形象和意义，同时又在一定程度上保持了自身独立的客观形象和含义。这种动态的不确定性是组织关系的多义性在视觉上的体现，凸显出复调影像欣赏角度上的丰富空间层次。多重空间的并置和重叠让客观和主观、存在和虚拟同时呈现，构成一个平面性的影像空间，通过视觉语境引导和暗示传递影像表面之下隐含的纵深。这种复调空间的构建需要创作者将自身和观看者也作为影像中的素材加以考虑，创作者的任务是将自身的艺术精神编织成透明的影像容器，即“暗示式复调空间”，以便与观赏者注入的意义辉映出无限的想象深度。

以西安城墙为实践对象的《影绣长安》复调摄影专题，在实践中梳理出了一系列理论，得以成书——《复调摄影：创意多重曝光摄影实验》。建筑的“透明性理论”是复调摄影的灵感来源，空间的透明性和虚无性为复调摄影对时空的表现提供了新构想。以穿透的视线重新审视面对的物象，以多重曝光的形式表现透明现象下事物的相互联动性，以“复调”的思维重构影像的新情境，复调影像在弱化自然空间的同时，却拓展了影像心理空间和文化空间纵深，更让摄影在一定程度上超脱时空所限，获得了自由表现的新空间。

## 四、结语

作为一个艺术门类，摄影理应发挥出更多的主观潜能，让镜头由对外的发现转向对内的表现，将明确的物理空间复制转向丰富的心理空间的构设。而对创作者自身和观赏者的接纳和思考也让复调影像从创作一开始就超脱于自然之外，以更广的时空视野和人文视角重新思考摄影的文化意义。复调摄影外在视觉空间和内在意象空间的丰富性造就了作品独特的时空识别性，在一定程度上拉开了与普遍经验感受的距离，其构建的多样性复调空间，在思想上为观者开启了前所未有的观看现实世界的可能性。对复调摄影的研究可以让摄影艺术的实践和理论研究更具多样性。筑·美

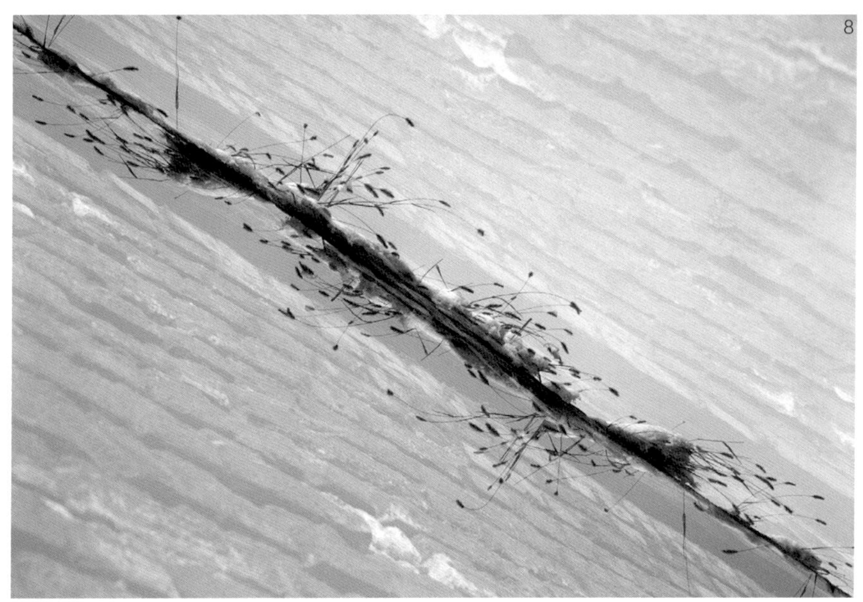

图 7《福佑长安》（多重曝光，尼康D700机内成像）《影绣长安》复调摄影专题
图 8《零》（多重曝光，佳能5D3机内成像）《影绣长安》复调摄影专题

参考文献

[1] 林路. 复调摄影的实验精神与拓展效应. [J]. 人民摄影，2018（48）.
[2] 邱晓宇. 复调摄影[M]. 北京：中国摄影出版社，2018.
[3]（巴西）威廉·弗卢塞尔. 摄影哲学的思考，毛卫东，丁君君，译. [M]. 北京：中国民族摄影艺术出版社，2017.
[4] 风入松. 论复调摄影——对多重曝光的深度探索[J]. 海峡影艺，2018（04）.
[5] 邱晓宇. 复调摄影[J]. 海峡影艺，2018（04）.

邱晓宇　陕西人民美术出版社副编审、陕西师范大学，客座教授

# 筑美资讯

Information

of
Architecture

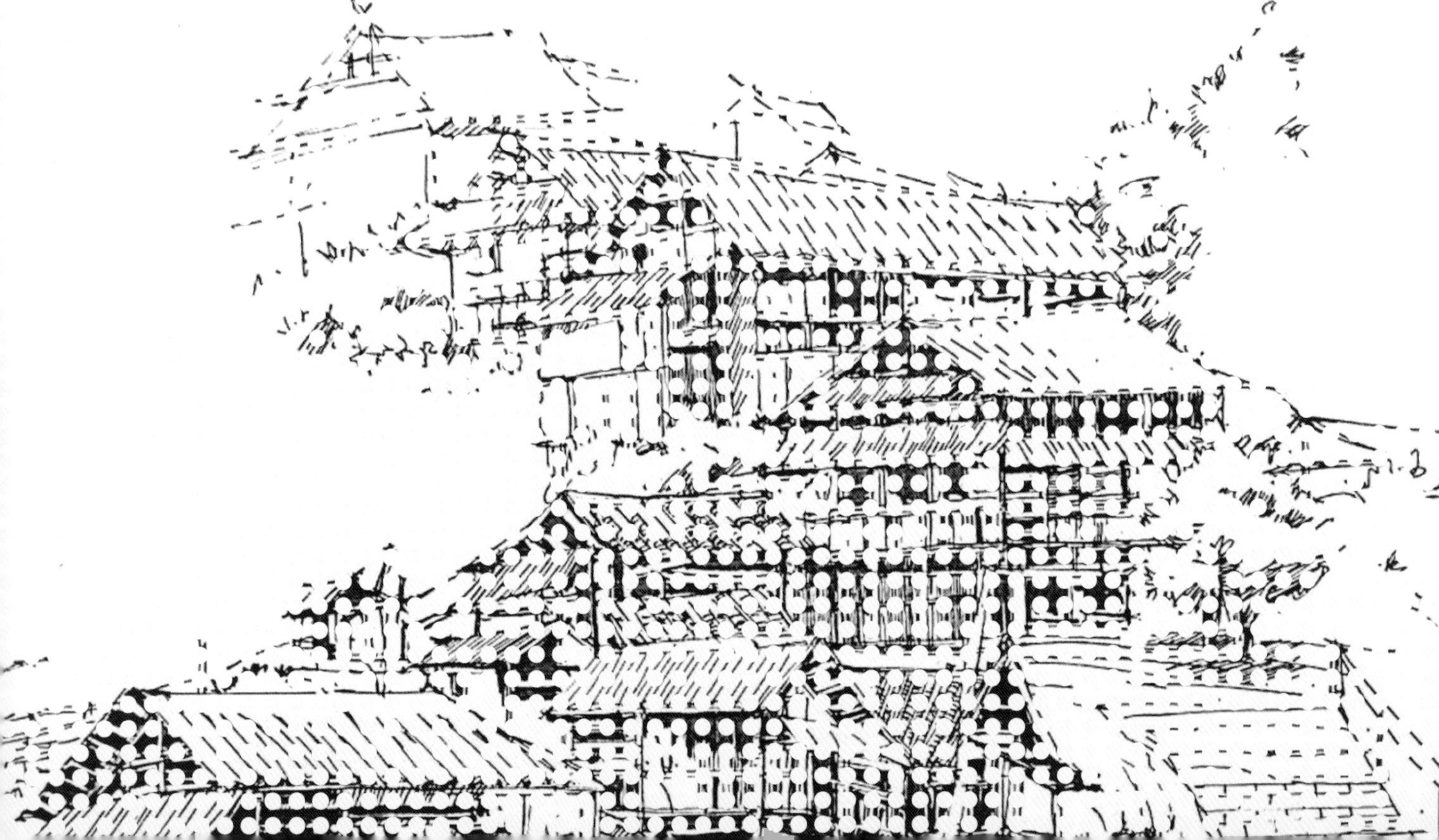

# 第五届全国高等学校建筑与
# 环境设计专业学生美术作品大奖赛获奖作品选登

《小镇街景》 柏露

《万笏朝天图1》 刘素娟、马骁

《城市重建》 饶向杰

# CYCLE
# 极单

## 骑单车的人
## The Cyclist

**只有两种生活方式：**

**腐烂或燃烧。**

**胆怯而贪婪的人选择前者，**

**勇敢而胸怀博大的人选择后者。**

**——高尔基**

《骑单车的人》 梁佳琪

《梦回平遥》 李姝颖

《水彩》 程子芙

《氤氲徽州系列1》 龙依梦

《灰于彩》 郑丹妮

《手绘表现：城市》 杨金翎

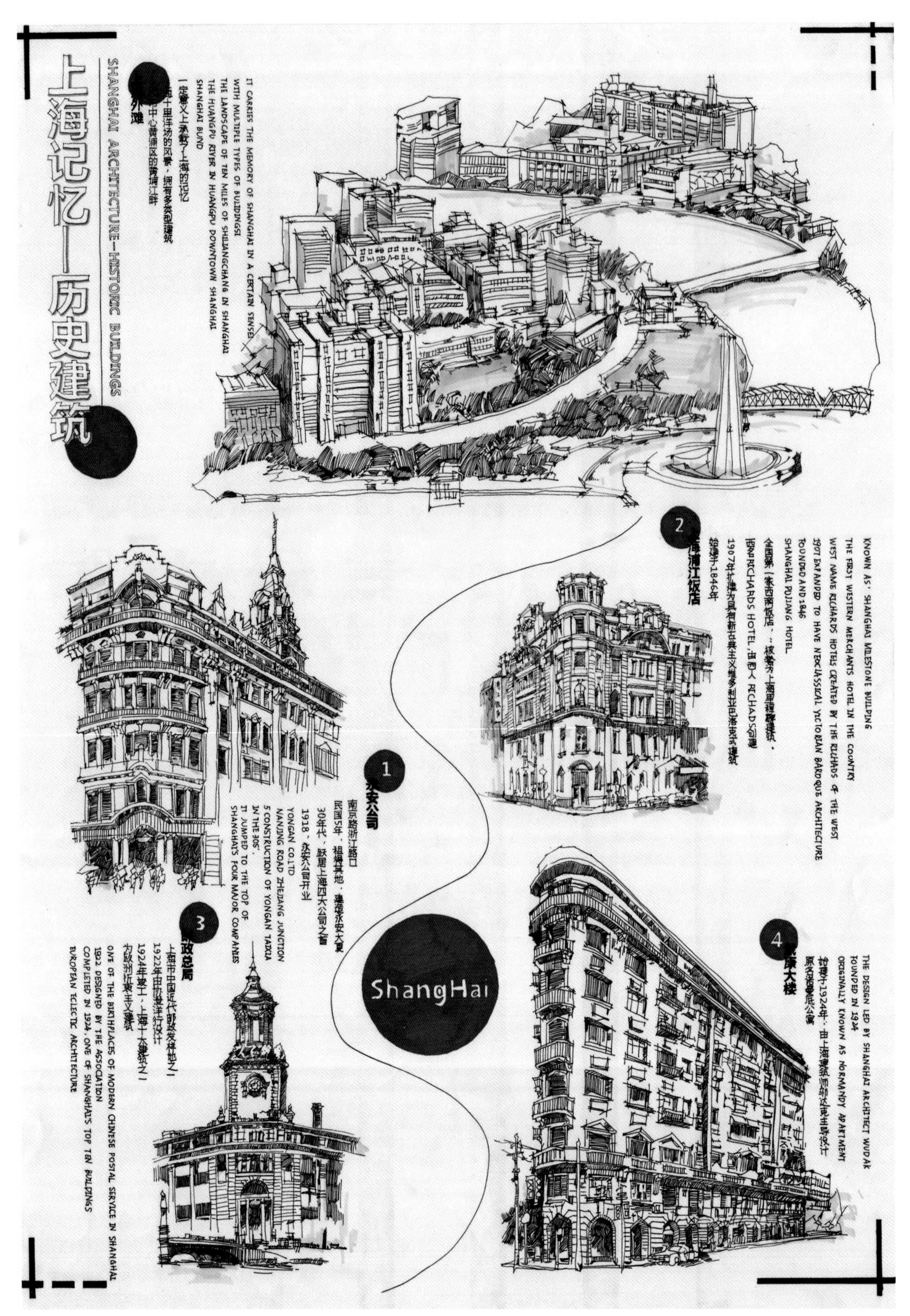


《上海记忆——历史建筑》 郑文心

《温暖满屋》 杨惠

《冬日趵突》 田娇娇

《笔尖下的风景》 李宇婷

《绮园全景图》 吴凡

《绮园全景抽测图》 何天佑、刘荣荣

# 绮園圖卷

丁酉十月初六 余一行至海盐绮园访考 测绘 历七日
虽神形俱疲 然绮园之穿池叠石 落月停云 古树参天
野趣森然 盡收於心 情難自已 归后窃有小成作此图卷
以表吾之浅見

吴凡贰零一七年冬于中國美術學院

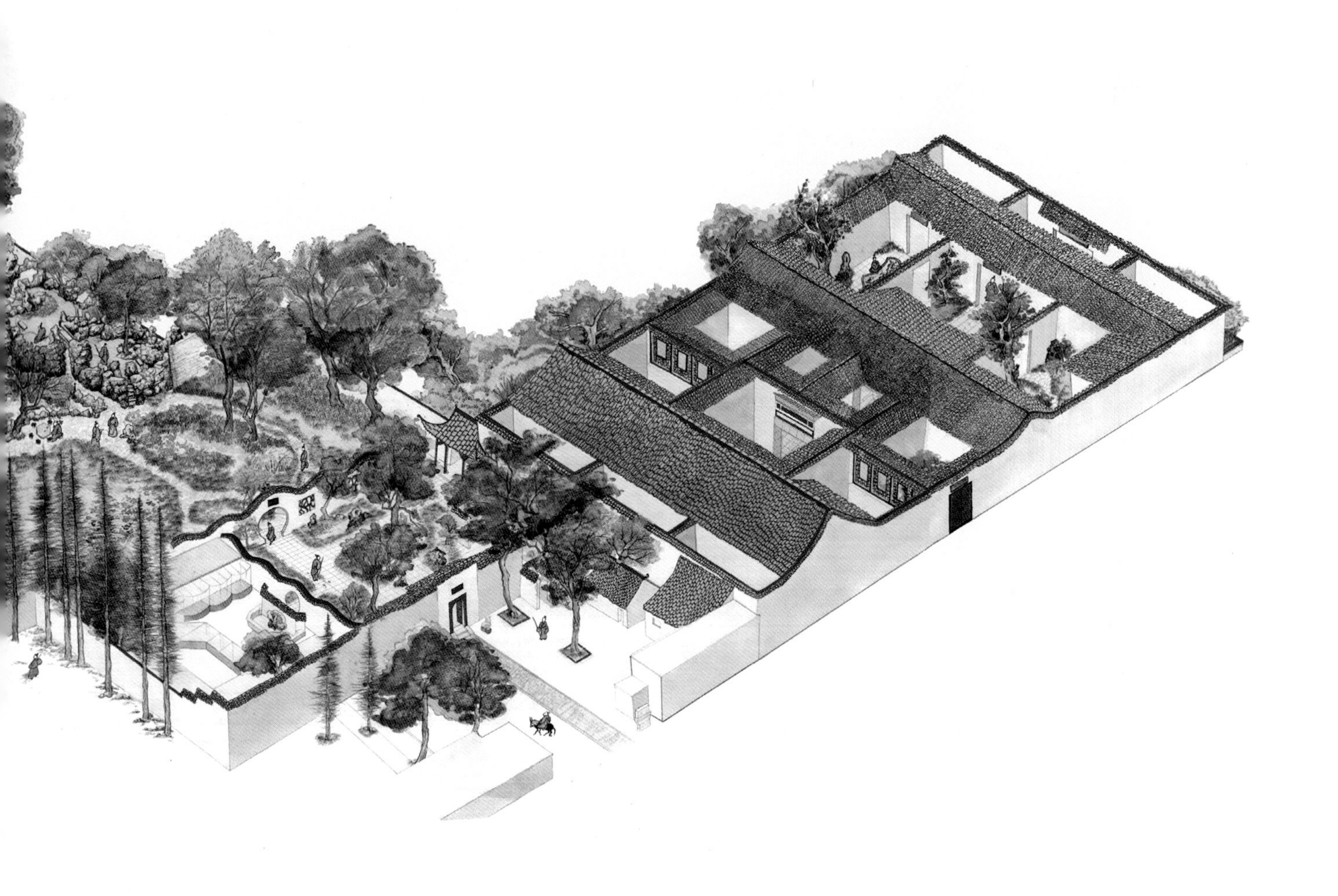

《探索东方与西方的空间感》 袁绚雨、张佳妮、于雅义、谭雅蓉

《纸上造园之早春图》 李乐

《圣家族大教堂远眺》 王常圣

《再 · 见卡西莫多》 谢香银

# 《筑·美》征稿函

## 一、刊物介绍

《筑•美》为教育部高等学校建筑学专业教学指导分委员会建筑美术教学工作委员会、东南大学建筑学院与中国建筑出版传媒有限公司联合推出的一本面向建筑与环境设计专业美术基础教学的专业学术年刊。

本刊主要围绕建筑与环境设计专业中的美术基础教学、专业引申的相关艺术课程探讨、建筑及环境设计专业美术教师、建筑及相关专业设计师的艺术作品创作表现鉴赏等为核心内容。本刊坚持创新发展，关注建筑与环境设计文化前沿；力求集中展示我国建筑学专业和环境设计专业的艺术创作面貌、各高等院校建筑与环境设计专业美术基础教学成果为主要办刊方向，注重学术性、理论性、研究性和前瞻性。

## 二、办刊宗旨

以展示各建筑院校和美术院校中建筑学专业和环境设计专业相关的美术基础教学、前沿艺术活动、教师艺术风采等为目标，旨在推动建筑与环境设计专业美术及相关教学在该专业领域的良好发展。

## 三、刊物信息

主办单位：

教育部高等学校建筑学专业教学指导分委员会建筑美术教学工作委员会

东南大学建筑学院

中国建筑出版传媒有限公司

开本：国际 16 开

## 四、各栏目征稿要求

重点关注：紧跟焦点、拓宽视野、话题深入，选取焦点信息，报道最新的、关注率高的事件、人物等。

大师平台：集中展现曾活跃在建筑领域、美术领域，为我国建筑界和美术界做出卓越贡献的大师的艺术作品。

教育论坛：着眼建筑美术教育研究、造型基础课教学研究、各高校的实验教学优秀案例等。

匠心谈艺：最新、最权威的理论评说、国外前言理论译著、建筑师或制作团队的专访、业内资深建筑学者的对话等。

名家名作：推荐当代建筑界美术家及教育工作者的代表作品，形式活跃、内容丰富。

艺术交流：此版块内容活泼、时尚、新颖，可完全脱离建筑层面的局限，主打艺术界的相关内容。

艺术视角：通过艺术作品及优秀设计案例的介绍，促进建筑学和环境设计专业设计教学的发展。

筑美资讯：整合资源，学校、教师作品的推介，最新竞赛设计作品，相关设计作品，最新相关图书信息等。

## 五、稿件要求

论文格式：Word 文档，图片单独提供。

1. 中文标题。
2. 英文标题。
3. 作者姓名（中文）、作者单位（全称）。
4. 正文：3000 ~ 5000 字，采用五号宋体字编排。
5. 文中有表格和图片，请单独附图、表，并按征文涉及顺序以图 1、图 2 等附图，并写好图注。图片要求：像素在 300dpi 以上，长、宽尺寸在 15cm 以上，所有图片要求 JPEG 或 TIFF 格式，矢量文件中的文字必须为转曲格式。
6. 注释：对文内某一特定的内容的解释或说明，请一律用尾注。按文中引用顺序排列，序号为①②③……，格式为：序号、著作者、书名、译者、出版地、出版者、出版时间、在原文献中的位置。
7. 参考文献：格式同注释，序号则为 [1][2][3]……。

①著格式：作者 . 书名 . 版本 . 译者 . 出版地 : 出版者，出版年 .

②论文集格式 : 作者 . 书名 . 题名 . 编者 . 文集名 . 出版地 . 出版者，出版年 . 在原文献中的位置 .

③期刊文章格式 : 作者 . 题名刊 . 年 . 卷 ( 期 ).

④报纸文章格式 : 作者 . 题名 . 报纸名，出版日期 ( 版次 )

⑤互联网文章格式 : 作者 . 题名 . 下载文件网址 . 下载日期 .

8. 同时请提供

(1) 联系方式：包括作者的通信地址、邮编、电话、电子邮箱、QQ 等。

(2) 来稿不退，文责自负，编辑部按照出版要求对来稿有删改权，如不同意，请事先声明。请勿一稿多投。强化调研，不得抄袭，避免知识产权纠纷。

9. 投稿地址及联系方式：

东南大学建筑学院：

赵军 15051811989　电子邮箱：zhnnjut@163.com

中国建筑出版传媒有限公司：

张华 13811945056　电子邮箱：2506082920@qq.com